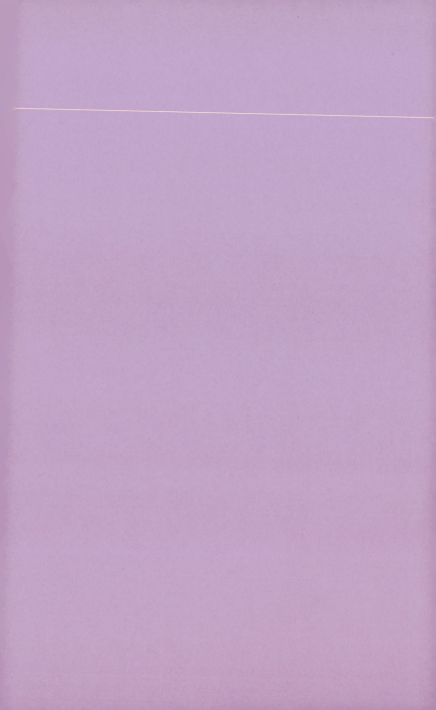

〈会社〉と基地建設をめぐる旅

加藤宣子

ころから

プロローグ　辺野古の「海上」から

2014年8月15日、私は、沖縄県名護《なご》市の辺野古《へのこ》の海上で、米軍新基地建設に抗議する仲間と「平和丸」という抗議船に乗っていた。広い海の上で新基地建設に抗議する、あたかも葉っぱ一枚のようなカヌーに乗った仲間たちを見守るためだ。その数日前から、カヌー隊の仲間が、警備する海上保安庁の頑丈なゴムボートに捕獲されることが始まっていて、カヌー隊に危険がせまったときにはすぐに手助けできるように準備していた。

すると突然、2隻のゴムボートがものすごいスピードで左右から私たちの平和丸を挟み撃ちして近づき、黒いウエットスーツをきた屈強な海上保安官が何人も船に乗り込み、船長を羽交《はが》い絞めにして、船のキーを抜いて操縦をできなくし、私も保安官に拘束された。船にはジャーナリストをはじめ、映画監督なども乗っていて、その時の記録が残っている。のちに

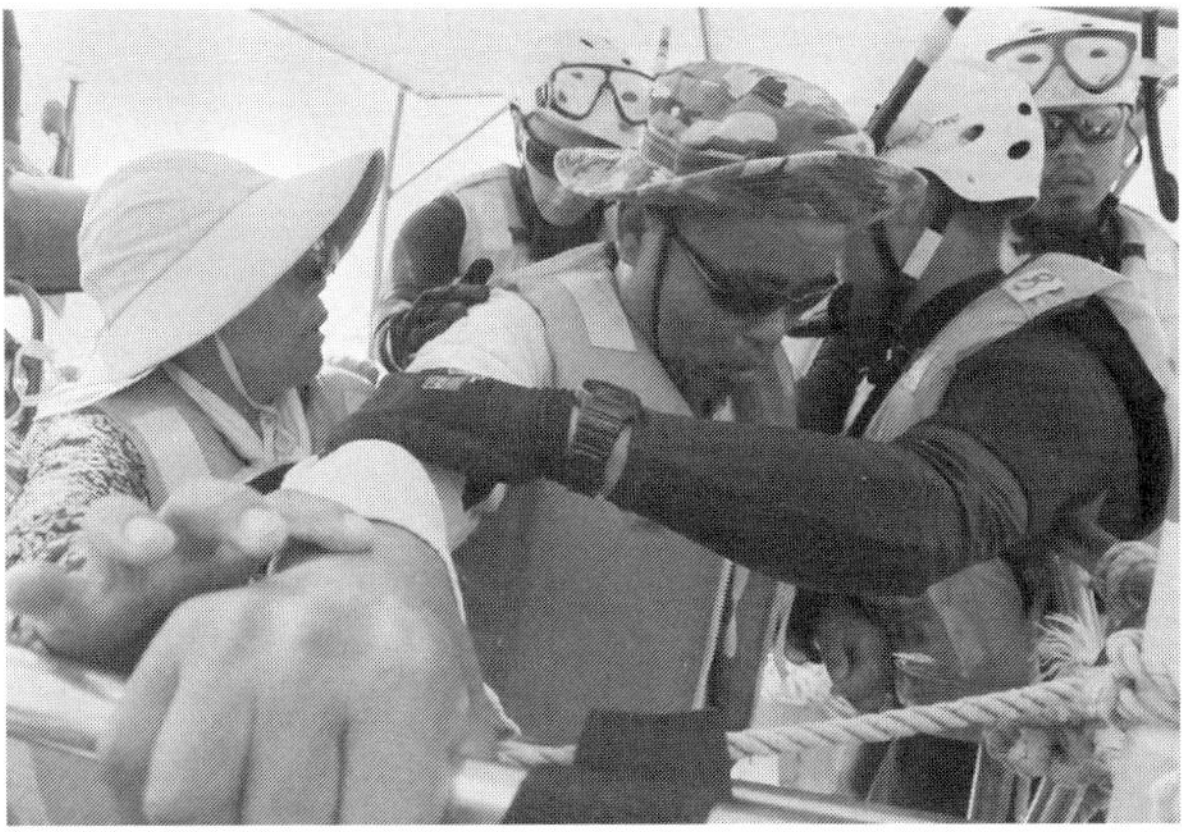

海上保安官に拘束される平和丸船長（撮影　豊里友行）

聞いたところによると、このやり方は、テロリストを捕縛《ほばく》するやり方なのだそうだ。非暴力の市民による抗議を権力と暴力をもって排除するのを目の当たりにして、これが「軍事基地建設」なのだと痛感した。

2013年末、当時の仲井眞弘多《なかいまひろかず》沖縄県知事が、辺野古新基地建設計画を承認した。この時が一つのターニングポイントで、「沖縄県知事が基地建設を認めた」ことに強い危機感を感じ、工事を受注するであろう〈会社〉に抗議することを目的に「Stop!辺野古埋め立てキャンペーン」を立ち上げた。平和運動に関わり続ける中で、戦争で儲ける人、喰っていく人がいる限り、戦争は無くならないと常々思っていた私の大きな決断であった。

2014年7月から、海底地盤に孔《あな》をあけて地質を調べるボーリング調査が始まることになり、私も2カ月の予定（結局6カ月近くいることとなった）で辺野古に駆けつけた。辺野古の新基地が建設されるキャンプ・シュワブのゲート前での阻止行動が始まり、多くの人が参加するようになった。ゲート前では、本土から派遣されたアルソック《ALSOK》の警備員がゲート前を固め、いざ工事車両が入ろうとすると、沖縄県警の機動隊が出てきて、座り込む市民を持ち上げて排除し、資材を積んだトラックやミキサー車が次々と基地内に入っていった。

海上では、8月には大浦湾側の海岸に海上保安庁が使う浮桟橋が設置された。年が明けて2015年になると仮設工事と称して、数トンから10数トンもある数メートル四方のコンクリートブロックが数十個も投下され始めた。抗議船やカヌーが入れないように制限区域を示すブイを固定するためだ。その仮設工事を一手に引き受けていたのが、大成建設であった。

これが、私が辺野古の現場で見たものだった。日本やアメリカという「国家」が、辺野古に米軍基地を作ると決め、日本に住む人々から徴収した税金を湯水のように使い、実際に建設工事をするのは、本土の建設会社とくに大手ゼネコンやマリコン（海洋土木会社《マリンコンストラクター》）だ。ゼネコンとは、一般請負業（General Contractor）の略で、元請負業者として各種の土木建築工事を発注者から直接請負い、工事全体のとりまとめを行う総合建設業者を指す。共同企業体《ジョイントベンチャー》（JV）を組む沖縄の建設会社や下請け会社にもお金が落ちるだろうが、そのお金の多くは本土のゼネコンに還流する。そしてそれがまた、法人税として、「国家」に回収される。その後の辺野古の基地建設は、反対する沖縄の人々の声や想《うむ》いを無視し、法律も無視する形で進められている。

東京に戻り、大成建設への抗議を始めると同時に、大成建設がどんな会社なのか、調べてみようと国会図書館に通い始めた。そして、大成建設が江戸末期・明治初期から、戦争と関わりの深い企業だということを知ることになった。その後、時間をかけて調べていく中で、さまざまな建設会社が軍事基地建設に関わってきた事実も明らかになった。

軍事基地建設は、ケースによって違うが、大まかにいうと「立案」「調査・設計」「土地収用」「建設」の4つの段階がある。「土地収用」には「買収・献納・御料地転用・強制収用・埋立」などがある。「国家」と〈会社〉が深く関わっている。

日本には、現在、約１６０カ所の陸上自衛隊駐屯地・施設、約30カ所の海上自衛隊基地・施設、70カ所余りの航空自衛隊基地と、約１３０カ所の米軍基地と関連施設があるが、本書では、そのうちの10数カ所しか取り上げていない。しかしそれぞれの建設会社の社史と自治体史、基地のある地域で戦争に反対し地道に研究や抗議を行っている方々の先行研究に立脚しながら、その中でも特筆すべきと私が考えた基地についてまとめてみたのが本書である。

目次

凡例

・史料からの引用に際しては読みやすさを重視して、一部現代かな遣いなどに修正している。
・西暦年を基本とし、江戸期から昭和時代については適宜年号表記を（　）内に補った。
・肩書きについては当時のものを優先している。
・工事を始めること・完成したことに関する表記は、参考資料を生かしたうえで着工《ちゃっこう》・竣工《しゅんこう》を使った。
・資料の日付に相違がある場合は、自治体史、研究書、社史、新聞、運動関係資料の順で参考にした。
・冒頭の年表は『近代日本総合年表』（岩波書店）を参考にした。

旭川駐屯地
札幌
松代大本営
小松基地
旧所沢基地
名古屋
東京
岩国基地
広島
大阪
福岡
浜松基地
呉基地
佐世保基地
普天間飛行場
辺野古
石垣島
与那国島

関連年表

１８３７年	大成建設の創業者、大倉喜八郎生誕
１８７２年	兵部省が陸軍省と海軍省に分離される
１８７３年	陸軍は六軍管を制定し東京・仙台・名古屋・大阪・広島・熊本に鎮台《ちんだい》を置く
	徴兵令発布
	大成建設の前身、大倉組商会が開業
１８７４年	台湾出兵
１８８０年	鹿島組創業（天保11年に構えた「大岩」が基礎となる）
１８８６年	海軍条例の発令により全国の海岸を五つの海軍区に分け、軍港を定める鎮守府《ちんじゅふ》官制が敷かれる
１８８９年	徴兵令改正、17～40歳男子全ての兵役義務を明記
	大日本帝国憲法発布
	安藤ハザマの始祖、間猛馬が間組を創業
１８９２年	大林芳五郎が大林組を創業
１８９４年	８月　日清戦争宣戦布告、翌年４月に下関条約を結ぶ
１８９５年	台湾を植民地支配下におく
１８９６年	五洋建設の前身となる水野組を水野甚次郎が創業
１９０４年	２月　日露戦争宣戦布告、翌年９月ポーツマス条約を結ぶ
１９１０年	韓国併合
１９１４年	第一次世界大戦はじまる。１９１８年に終戦
１９２２年	ワシントン会議で海軍軍縮条約採択
１９２３年	関東大震災。死者・行方不明者は推定10万５０００人

1925年	治安維持法公布
1929年	東洋建設の前身、阪神築港株式会社が創業
1930年	ロンドン海軍軍縮条約締結
1931年	満洲事変始まる 國場幸太郎が國場組を創業
1933年	日本が国際連盟を脱退
1936年	2・26事件。陸軍青年将校がクーデターを起こす
1937年	盧溝橋事件勃発、日中戦争開始
1938年	国家総動員法公布
1941年	軍建協力会結成 12月8日　英領コタ・バルに上陸、マレー作戦開始 同日　真珠湾攻撃、米国・英国・オランダなど連合国に対する太平洋戦争開始
1942年	海軍施設協力会設立 ミッドウェー海戦で主力空母4隻失う
1943年	アッツ島玉砕 神宮外苑競技場で学徒出陣壮行会
1944年	松代大本営建設命令が出される
1945年	東京大空襲 3月26日　米軍沖縄慶良間諸島上陸 6月23日　沖縄での組織戦終了 8月15日　天皇、詔書を放送（「玉音」放送）　太平洋戦争終結 9月2日　戦艦ミズーリ号で降伏文書に調印

1946年	日本工営の前身となる新興電業建設社設立
1947年	日本国憲法施行
1950年	朝鮮戦争開始。1953年に休戦し、日本は戦争特需に沸く
1952年	サンフランシスコ平和条約締結。沖縄・奄美・小笠原諸島はアメリカの管理下に
	ベトナム戦争開始（開始に関しては諸説あり）。1975年サイゴン陥落で終結
1955年	アイゼンハワー米大統領が国連で「アトムズ・フォー・ピース宣言」。原子力の平和利用が進む
1972年	沖縄の日本復帰
1990年	イラクがクウェートに侵攻、湾岸戦争開始
1996年	普天間基地の辺野古移設を定めたSACO最終報告とりまとめ
2001年	米国同時多発テロ
	アメリカがアフガニスタンを空爆。2021年米軍撤収
2003年	イラク戦争開始、2011年終結
2005年	在日米軍再編計画をまとめた中間報告「未来のための変革と再編」
2011年	東日本大震災。福島第一原発でメルトダウン
2015年	集団的自衛権が認めた安保法制が国会を通過
2022年	ロシア、ウクライナに侵攻
	国家安全保障戦略、国家防衛戦略、防衛力整備計画の安保三文書を閣議決定
2023年	パレスチナで衝突、イスラエルによる地上侵攻始まる

第1章 沖縄・辺野古の海上基地建設

第1節 辺野古基地建設の経緯

⊙ 普天間飛行場と代替地の辺野古

〈会社〉と基地建設をめぐる旅に出るきっかけとなった辺野古《へのこ》に新基地が建設されるにいたった経緯をまずは見ていきたい。

話は辺野古よりずっと離れた米軍の普天間《ふてんま》飛行場から始まる。

普天間飛行場は、沖縄島の中部宜野湾《ぎのわん》市に位置し、1945年沖縄に上陸した米軍が「本土爆撃用」に住宅、集落、学校、畑などをつぶして、住民の私有地だった土地を強制的に収容して作った飛行場である。戦後、故郷に戻った住民たちが仕方なく普天間飛行場の周りに家々を建てて住み、住宅密集地域に学校などもあり、亡きラムズフェルド米国防長官をして「世界一危険な基地」と言わしめた。

普天間飛行場の移設先として、沖縄島の北部に広がる照葉樹林やんばる（山原）の南、東海岸に位置する辺野古が具体的に上がったのは、米兵による少女暴行事件に端を発したSACO（沖縄に関する特別行動委員会Special Action Committee on Okinawa）合意からであるが、ベトナム戦争中には、既に計画されていた。

詳しく経緯を見ていきたい。

⊙辺野古基地建設計画はベトナム戦争時代に米軍によって作られた

ベトナム戦争中の1966年の段階で、辺野古沖に3000メートルの滑走路2本と大浦湾に軍港を造る計画があった。しかし、この時は「見積もり総額は1億1000万ドルを超える」として履行されなかった。

図1-01は1966年に米軍が作成したマスタープランだ。

⊙少女暴行事件と沖縄の怒り

1995年9月4日、米兵3人による12歳の少女への拉致《らち》・強姦《ごうかん》事件が起こる。10月21日「米軍人による暴行事件を糾弾し、地位協定の見直しを要求する沖縄県民総決起大会」が行われた。大田昌秀《おおたまさひで》知事も参加し、知事は「大切な子どもの尊厳を守れなかった」ことを謝罪した。約8万5000人の県民が参加し、怒りの声が会場を埋め尽くした。大田知事は、米軍の

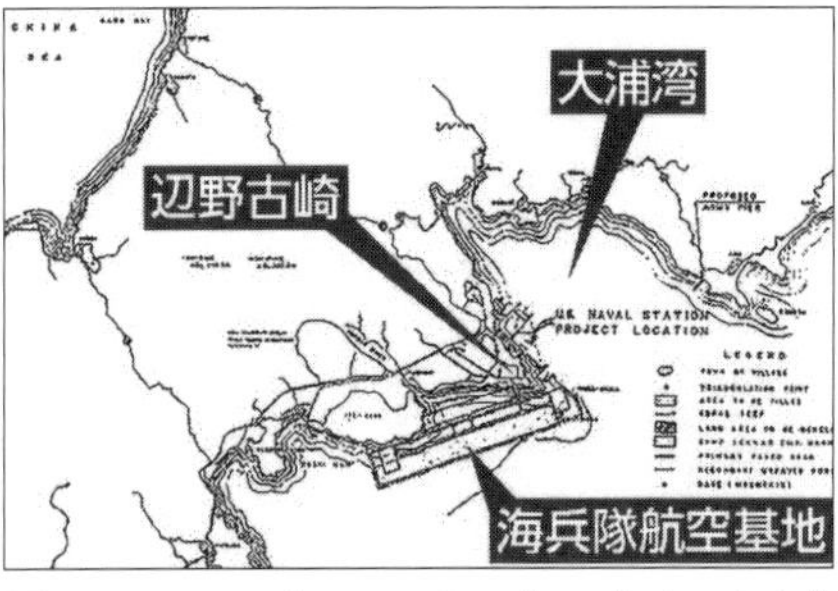

図1-01　1966年のマスタープラン（しんぶん赤旗より）

犯罪捜査と処罰を困難なものにしている日米地位協定の改定を求め、基地の整理縮小を進める「基地返還アクションプログラム」を策定した（1996年1月30日に日本政府に提出）。さらに米軍用地の未契約地主に対する強制使用の代理署名を拒否し、県と知事は国に提訴された。

⊙移設条件付きの普天間飛行場返還

暴行事件からの2カ月後、1995年11月、日米両政府の高官レベルの協議機関としてSACOが設置された。SACOは、在日米軍の基地使用と軍事活動の権利や米軍関係者の法的地位などを定めた日米地位協定の運用に関する協議機関である日米合同委員会とともに集中的な協議を行い、1996年4月12日、橋本龍太郎首相と米国のモンデール駐日大使との会談で「普天間飛行場は今後5年ないし7年以内に全面返還する」との合意をした。

ところが、3日後の4月15日のSACO中間報告では、県内への「移設条件付き基地返還」と後退している。12月2日に取りまとめた最終報告では、「『沖縄本島東海岸沖の海上施設』への代替基地移設が完成した後、返還される」とした。

⊙名護市民投票で移設反対が過半数

1997年12月21日、名護市民投票が行われる。SACO合意を受けて、日本政府は普天間飛行場返還に伴う「沖縄県名護市東海岸沖合に海上ヘリポートを建設する計画」を打ち出した。その是非を問うため、名護市における米軍のヘリポート基地建設の是非を問う市民投票」が実施された。

結果は、有権者数3万8177人、投票総数3万1477票、投票率82・45％。「賛成」2562票、「環

境対策や経済効果が期待できるので賛成」1万1705票で、賛成意見が合計46％、「反対」1万6254票、「環境対策や経済効果が期待できないので反対」385票で、反対意見が合計54％、無効565票だった。

にもかかわらず、当時の比嘉鉄也《ひがてつや》名護市長は投票日のわずか3日後の12月24日に、ヘリポート基地受け入れを表明、そして辞任した。比嘉市長の受け入れ表明後、市民投票を担った市民・住民団体、労働団体、政党による「名護市民投票推進協議会」は発展解消し、「海上ヘリ基地建設反対・平和と名護市政民主化を求める協議会（略称「ヘリ基地反対協議会」）が翌1998年に結成され、その後の辺野古基地建設反対の運動を担っていく。

⊙ボーリング調査を阻止

2004年4月19日夜明け、那覇防衛施設局（当時）のボートが、海底63カ所に孔《あな》をあけて地盤を調査するボーリングという地質調査に乗り出した。この防衛施設局の行為に対して、沖縄の人々は漁港の入り口での非暴力の座り込みを始めた。その1年後には、名護市民や沖縄県民が中心になって、ボーリング調査のために海上に建てられた「単管パイプのやぐら」に登ったり、カヌーに乗ったり水中に潜ったりして、体を張って調査を阻止した。ボーリング調査は、翌2005年9月に中止となり、海上ヘリ基地案は白紙になった。

⊙在日米軍再編と沿岸V字案決定

その4年前、2001年9月には、アメリカ・ワシントンのペンタゴンやニューヨークのWTC（世界貿易センター）にジェット旅客機が突っ込んで炎上した9・11同時多発テロ事件が起きる。その後、ブッシュ大統領が行った米軍の世界再編では、経済のグローバル化に対応して、冷戦型の米軍配備を世界的に見直す作業が行われた。旧ソ連を包囲するように、東アジアとヨーロッパに巨大な軍事力を置いていた冷戦時代の配備から、アジア太平洋や中東に重きを置き、テロとの闘いや中国包囲の体制を作るため、各国との二国間協議は2003年から始まった。

在日米軍再編は、2005年10月29日、外務・防衛閣僚による日米安保協議委員会（2＋2）で中間報告「未来のための変革と再編」が合意され、自衛隊と在日米軍の連携強化や司令部機能の統合のほか、普天間飛行場のキャンプ・シュワブへの移設（L字案）、KC－130空中給油機12機の岩国への移駐、嘉手納以南の基地の返還、在沖縄海兵隊のグアム他の場所への移転、厚木基地に配備されている空母艦載機の岩国への移駐が決まった。そして、2006年5月1日「ロードマップ」を発表。この時点で、2本の長さ1600メートルの滑走路（飛行場長は1800メートル）がV字に配置されるキャンプ・シュワブV字案が盛り込まれる。5月30日、

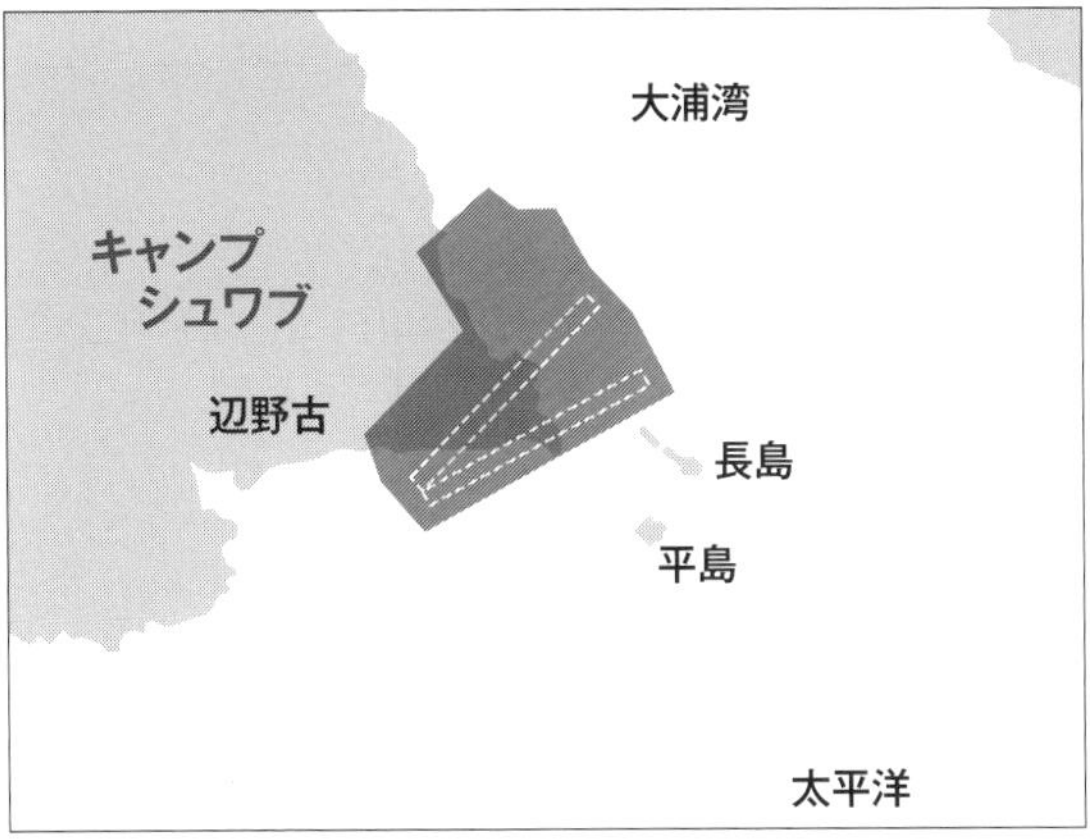

図1-02　2006年のロードマップで示されたV字滑走路案

小泉純一郎内閣によって閣議決定された。

これにより「ヘリポート基地」とされてきた辺野古は、本格的な軍事基地として整備されることとなった。

⊙移設反対の稲嶺進氏が名護市長選に勝利

2010年1月24日、名護市長選挙で、「海にも陸にも新しい基地は造らせない」と公約を掲げ、民主党・共産党・社民党・国民新党・沖縄社会大衆党・政党そうぞうから推薦を受けた元名護市教育長の稲嶺進《いなみねすすむ》氏が、現職の島袋吉和《しまぶくろよしかず》氏に勝利する。辺野古新基地建設受け入れを表明して辞任した比嘉鉄也氏、辺野古新基地建設賛成派の支援を受けて市長となり、7つの条件付きで基地建設を受け入れた岸本《きしもと》建男《たてお》氏、島袋吉和氏に続いて、初めて辺野古の基地建設に反対の市長が勝利した。。

⊙仲井眞弘多沖縄県知事の辺野古埋立承認

大田県政で副知事を務め、沖縄電力会長だった仲井眞弘多《なかいまひろかず》氏は、保守で「辺野古の軍民共用案」「基地使用15年期限」を提案していた稲嶺惠一《いなみねけいいち》県知事の後継として、2006年11月19日、参議院議員だった糸数慶子《いとかずけいこ》氏に3万7318票差をつけて県知事選挙に勝利する。2期目も宜野湾市長だった伊波洋一《いはよういち》氏に3万8626票差で勝利する。

2013年12月27日午前、仲井眞知事が、3月22日に提出された国の公有水面埋立申請を承認した。第二次安倍政権の菅義偉《すがよしひで》官房長官と綿密にすり合わせてきた沖縄の経済振興予算と基地負担軽減4項目（普天間飛行場の5年以内の運用停止・普天間配備のオスプレイの半分12機を県外に分散移転、キャンプ・キンザーの7年以内の全面返還、日米地位協定への環境条項の追加）の実施にメドがたったからだとした。発表の前々日に東京首相官邸で行われた安倍晋三首相との会談のあと、「いい正月が迎えられる」と語ったこともあり、27日の県庁での記者会見は大荒れになる。仲井眞知事は激昂《げきこう》し、地元紙の琉球新報と沖縄タイムスや本土のマスコミによる「公約違反ではないか」という報道が過熱した。

この埋立承認を受けて、ボーリング調査などの工事が始まった2014年7月、キャンプ・シュワブゲート前での非暴力の工事車両を止める阻止行動と海上でのカヌーや小型船舶による抗議・阻止行動が始まった。

◉翁長雄志氏の県知事就任から逝去、玉城デニー知事の誕生

2014年11月16日の知事選挙で、辺野古新基地建設に反対する翁長雄志《おながたけし》氏が勝利する。「オール沖縄」の枠組みで保守・革新を超えて、小売業のかねひでやオキハム、ホテル経営のかりゆしグループなど沖縄県経済界も交えた支援のもと、辺野古の埋立を承認した仲井眞知事に勝利した。元自民党で那覇市長も務め、仲井眞氏の選挙対策本部長でもあった翁長氏は、オスプレイ（垂直離発着のできるエアクラフトで、開発時点での事故が多く安全性が疑われた。辺野古での配備は名護市民投票の頃から懸念されていたが、政府は隠し続けた）の普天間飛行場配備をめぐって沖縄の市町村長をまとめて反対の意思を示し、2013年1月に建白書をもって上京し安倍首相に提出したことで、注目されていた。「イデオロギーではなくアイデンティティー」と訴えた。

選挙結果は、有権者数109万8337人で最終投票率は64・1％。日本共産党・生活の党・社会民主党・沖縄社会大衆党・新風会の推薦・支持を受けた翁長氏が36万820票を獲得、自由民主党・次世代の党の推薦を受けた仲井眞氏が26万1076票で、他に立候補していた下地幹郎氏と喜納昌吉氏らをおさ

えて翁長雄志氏が勝利した。「辺野古撤回」への期待が膨らんだ。

そして、2015年10月13日、翁長知事が埋め立て承認取消を発表した。仲井眞前知事の埋め立て承認手続きには法律的瑕疵《かし》（法律上、なんらかの欠点や欠陥のあること）があるとした第三者委員会の検証結果を受けてのことだった。沖縄防衛局は、翌14日、取消処分の取消しを求める審査請求・執行停止申立てを行う。これ以降、県と政府の闘いは、司法の場に持ち込まれる。知事は公判で、政府のやり方は「法治国家の在り方から程遠い」と述べている。

その翁長知事は、安倍政権との闘いの中で、2018年8月8日、すい臓がんで逝去する。後を託された謝花喜一郎《じゃはなきいちろう》副知事が、8月31日、埋め立て承認を撤回した。撤回とは、承認自体に瑕疵があったとする取消とは違い、後になって新たに承認できない理由が出てきたことから、承認を撤回とするものである。

そして、再び知事選が9月30日に行われ、翁長知事の遺志を継ぎ、衆議院議員を辞職して立候補した玉城《たまき》デニー氏と自由民主党・公明党・日本維新の会・希望の党が推す宜野湾市長の佐喜真淳氏が激突し、玉城デニー氏が39万6632票を得て佐喜眞淳氏に約8万票の差をつけて、玉城デニー氏が勝利した。

⊙埋め立て工事始まる

2017年4月25日、日本政府・沖縄防衛局は、辺野古の埋め立て工事を本格的に始めた。工事については、後ほど詳述する。

2018年になると、大浦湾側にマヨネーズ並みの軟弱地盤が広がっているということが広く問題になる。

結局、2020年3月末の段階で、大浦湾側の護岸工事6件がこっそり打ち切りになっていることを「しんぶん赤旗」(2020年4月5日)が報じた。

この間、深い大浦湾側の工事が暗礁に乗り上げ、ジュゴンの餌の海草藻場が広がっていた浅い辺野古側の工事が急ピッチで進められた。

⊙膨れ上がる予算

2018年11月28日、玉城デニー沖縄県知事が、辺野古埋め立て工費が13年時点での予算2400億円の10倍以上の2兆5500億円との試算を出した。工期についても、埋め立て工事に5年、軟弱地盤の改良工事に5年、埋め立て後の施設整備に3年の計13年を要すると指摘した(琉球新報)。

その後、2019年12月25日、政府も建設費用を見直し、合計9300億と、14年の見通しの3500億円の約3倍に膨れ上がっている。

⊙沖縄の民意は辺野古基地建設に反対

2019年2月24日、沖縄県民の埋め立ての賛否を問う県民投票(正式名称「普天間飛行場の代替施設として国が名護市辺野古に計画している米軍基地建設のための埋立てに対する賛否についての県民による投票」)が行われた。埋め立てに「賛成」「反対」または「どちらでもない」を択一で投票した。

投票結果は、賛成11万4933票、反対43万4273票、どちらでもない5万2682票となった。何度も選挙などで民意を示している沖縄県民だが、今回も43万人以上の沖縄県民が辺野古の基地建設に明確に反対したのだ。

◎沖縄防衛局、設計変更を提出、玉城デニー知事は不承認

ところが２０２０年4月21日、沖縄防衛局は、沖縄県に設計変更申請を提出した。埋め立て予定地に広がる軟弱地盤改良のため、新たな県の承認が必要になったからである。玉城デニー知事は、「県民に十分な説明を行わないまま、埋め立て工事を行うための手続きを一方的に進めることには納得できない、申請書の内容を精査した上で法令に則り、厳正に対処する」と話した。その後、設計変更申請書には海外を含めた全国各地の専門家や市民から1万７８５７通もの意見書が沖縄県に寄せられた。

２０２１年11月25日に、玉城デニー知事が、軟弱地盤の調査や環境保全措置が不十分、断層の存在などを理由に不承認を出したが、１年半以上の時間がかかった。その間、成功例の少ないとされるサンゴの移植なども含めた辺野古側の工事は続いたが、大浦湾側の工事は進まなかった。

◎地方自治無視の代執行強行

２０２３年9月4日、沖縄県による設計変更不承認をめぐる国土交通大臣の是正指示の取消しを求めた裁判で、最高裁判所は設計変更にまつわる工事の内容に踏み込まず手続き論だけで、上告棄却、沖縄県側敗訴とした。県側が訴えた裁判はこれでひとまず全て敗訴が決まった。

その後、斉藤鉄夫《さいとうてつお》国土交通大臣から勧告、そして承認を求める指示が出されたが、玉城デニー沖縄県知事は、回答できないとした。それを不服とした日本政府は、知事の承認権限を奪う代執行手続きに入った。10月30日最初の公判が行われ、12月20日福岡高裁那覇支部（三浦隆志裁判長）は、沖縄県に承認を命じる判決を言い渡した。斉藤国土交通大臣は30日代執行を行った。

◉そして今

2024年1月10日、代執行を受けて、沖縄防衛局は、大浦湾側の海岸そばに「海上ヤード」を造るため、石材を投入し始めた。海上ヤードとは、大浦湾側に設置するケーソン（巨大な鉄筋コンクリートの箱で、大量の砂を詰めて沈めて護岸を造る基礎とする）の仮置き場である。そして代執行すらなされていない段階で、大浦湾側の工事の受注も矢継ぎ早に決まっている。

2024年8月、A護岸での鋼管杭打ちが始まった。まさしく「命のゆりかご」大浦湾での巨大な自然破壊が始まろうとしている。

第2節　辺野古基地建設工事の進捗と抗議

◉潰《つぶ》される生物多様性の海

辺野古にあるキャンプ・シュワブは、沖縄戦から11年が過ぎた1956年11月、米軍海兵隊によって使用され始めた。キャンプ・シュワブのある辺野古崎という岬の南側は、ジュゴンが食べる海草の藻場が拡がり、北側は生物多様性豊かな入り江となっていた。

私が辺野古に滞在した約6カ月の間に、何度か海に潜るチャンスがあった。沖縄との出会いがスキューバダイビングだった私にとっては、海に潜ることが至上の時間で、船長の師匠、牧志治《まきしおさむ》さんと、平島では海底洞窟をスキンダイビングして何万の透き通るような小魚がカーテンを揺らすようにうごめく中を泳いだり、大浦湾のアオサンゴの渓谷の間を遊泳したりした。その雄大さに圧倒された。辺野古テント村村長だった大西照男《おおにしてるお》さんが見つけた大西サンゴを覗いたり、沖縄にいるクマノミの全種類が生息するというクマノミ城やユビエダハマサンゴの群生をめぐったりした。日本自然保護協会の安倍真理子さんに誘ってもらって、ジュゴンの食《は》み跡調査にも参加した。

沖縄県の報告では、約３６００ヘクタールの海域に５３３４種の生物が生息しているとの調査結果がある。さらに絶滅危惧種は２６２種を数える。他の海域や陸域の保護区などと比べても、圧倒的に生物多様性が豊かな地域である。辺野古の沖合はジュゴンだけでなく、サンゴや魚類、貝類そしてプランクトンなども含めた小さな生物たちの楽園――命のゆりかごの海なのだ。２０１９年10月にはアメリカのＮＧＯミッションブルーによって「希望の海（ホープスポット）」にも指定されている。

◎最終的に決まったＶ字案

在日米軍再編で、２００６年5月1日に「ロードマップ」が発表された。Ｖ字案は、１６００メートルの滑走路2本がＶ字に並び、大型の戦艦が停泊できる２７１・８メートルの岸壁つまり軍港機能に加えて、弾薬搭載エリアも備えている。キャンプ・シュワブには辺野古弾薬庫もあり、４つのヘリパッドも造られる。これは普天間飛行場以上の機能をもつ新しい基地ができるということだ。完成後には１００年も運用されると言われている。しかも米軍の基地であるにもかかわらず日本の税金で造られることになっている。１９６６年には金銭面から断念した米軍には願ったり叶ったりの基地である。

普天間飛行場の辺野古移設が沿岸案に決まったいきさつは、米軍再編を進めた当事者の元防衛事務次官・守屋武昌《もりやたけまさ》氏の『「普天間」交渉秘録』（新潮文庫）に詳しい。沖縄の人に対していい感情を持たない守屋氏から見た一方的な記録であるとはいえ、米軍再編や普天間飛行場のキャンプ・シュワブV字案決定に関わる経緯などは無視できない。

『「普天間」交渉秘録』によれば、撤去可能な桟橋式や浮体式《メガフロート》（浮体式であっても自然破壊は避けられないが）ではなく、埋め立てにこだわったのは、地元沖縄の土建会社だったようだ。仲井眞弘多沖縄県知事も、2004年に起きた普天間の米軍ヘリの沖縄国際大学への墜落事件のような危険性除去のためには、できるだけ沖合にしてほしいと要望した。その要望を受けて、埋め立て案で話をまとめた結果、施設の規模も90ヘクタールから205ヘクタール（埋め立て面積153ヘクタール）と巨大化した。もちろん、当時の防衛施設庁や米軍の意向に誘導された面も大きいだろう。

◎「アワスメント」と揶揄《やゆ》された環境アセスメント

環境アセスメントは、環境影響評価法（1997年6月公布、2011年・2020年改定）に基づいて、事業が環境の保全に十分に配慮して行われるよう定められている。方法書・準備書・評価書の三段階の手続きを踏み、方法書で調査項目や方法を決める手続きが済んだ後で、調査・予測・評価の環境アセスメントを行う。そして準備書が作成される。方法書・準備書のそれぞれの公告《こうこく》・縦覧《じゅうらん》の段階で、国民からの意見書を提出することができる。最後に評価書が作成され、事業の許認可、事業の実施と続く。辺野古の環境アセスメントは、V字案が決まった後の2007年から2012年まで行われた。

2007年8月から「普天間飛行場代替施設建設事業に係る環境影響評価」が行われた。方法書への意見書は９５６個人・団体、１１７５通にも及び「事業内容が不明確」「騒音被害が予測できない」「ジュゴン保護の措置が検討されていない」などの意見が多く、建設しないという「ゼロオプション」を求める声も多かった。しかし、この時代の環境アセスメントは、事業が固まってから実施する事業アセスメントであり、実態に合わせるための「アワスメント」と揶揄《やゆ》されるようなものだった。仲井眞知事も、県環境影響審査会の答申を受けて２００８年1月に37項目２４７件の知事意見を述べている。

事業者が、那覇防衛施設局から沖縄防衛局に替わる（2007年9月1日に改組）中、２００７年4月から08年2月下旬までのアセス法違反の「現況調査」（事前調査）を行ったり、方法書に対する３００ページを超える追加・修正資料を出したりしている。そのため方法書からのやり直しを求める意見が準備書への意見として出された。準備書に対する意見書は５３１７通にものぼっている。

◉大成建設が受注した仮設工事

プロローグに記したように２０１４年7月、キャンプ・シュワブゲート前での非暴力の阻止行動と海上でのカヌーや小型船舶による抗議・阻止行動が始まると、日本政府は、ゲート前では沖縄県警機動隊と警備会社のアルソック《ALSOK》、そして海上では海上保安庁を使って、力づくで阻止行動を排除し始めた。

緊迫した状況の中、２０１４年8月13日、しんぶん赤旗が「沖縄　辺野古新基地・ゼネコン極秘受注　党県委が防衛局に抗議」という以下の記事を掲載した。

沖縄県名護市辺野古の米軍新基地建設をめぐり防衛省沖縄防衛局が、本体準備工事の入札・契約を秘密裏に行い、大手ゼネコンが受注していた問題(「しんぶん赤旗」日曜版10・17合併号で報道)で、日本共産党沖縄県委員会は12日、沖縄防衛局に厳しく抗議、新基地建設の即時中止を強く求めました。

この問題は、新基地建設に向けた海底ボーリング(掘削)調査を前に、辺野古沖の立ち入り制限区域を示すブイ(浮標)設置や、辺野古漁港に作業ヤード(作業場)を整備するための埋め立てなどの契約を、大手ゼネコンの大成建設(東京都新宿区)が複数年契約として50数億円で受注していたもの。談合の防止、透明性確保の原則から公共工事の入札・契約情報の公表を義務付けた「入札契約適正化法」に抵触する疑いがあります。

井上一徳・沖縄防衛局長は「法令にのっとって対応するのは当然だが、今回の契約情報について公表した場合、作業が安全に行われない可能性があることから公表を控えさせていただく」などと回答。法に抵触する可能性を否定しないどころか、県民の反対を無視して新基地建設工事を強行するために、非公表を当然視しました。

赤嶺政賢衆院議員・県委員長は「適正化法の条文のどこに公表しないという文言があるのか。法的根拠などない」と批判。「不当な基地建設に抗議する県民を妨害者扱いすることは許されない」と厳しく糾弾しました。(後略)

赤旗が記事にするまで公表されておらず、後になって確認してみると、大成建設が、事業者側の沖縄防衛局が業者を指名して行われる指名入札で落札し、2014年6月17日から15年3月31日の工期、59億6160万円で契約していた。これはのちに追加契約があり、147億1000万円の契約金額となる。

指名入札とは、工事の概要を公告し参加を希望するすべての業者により競争入札をする一般入札と違い、有資格者業者の中から指名基準を満たすものを選定・指名し競争入札を行うものである。また、国が行う代表的な契約方式には、契約には一般競争契約・指名競争契約・随意契約がある。辺野古の工事で多用されている随意契約とは、防衛省（防衛省に改組される以前は防衛施設庁）の担当契約官が特定の業者を選定して契約する。

2014年11月後半に、私は一度東京に戻り、Stop!辺野古埋め立てキャンペーンの仲間と話し合って、大成建設に「仮設工事の中止を求める」要請書を送ると、大成建設から回答書が送られてきた。

「回答書　弊社は、加藤様より2014年12月2日付『要請書』を受領致しました。なお、書面に記載されておりますご要請に対し、ご意見としては承りましたが、弊社はそれ以上の回答をする立場にはございません。ご理解頂きますようお願い致します。以上」

「回答する立場にはない」という公共事業を請け負っているとは思えない社会的責任のかけらもない回答は、これ以降交渉に行った他の会社でも聞くこととなった。

2014年仮設工事の受注以降、次々と埋め立てのための受注契約が決まっていく。Stop!辺野古埋め

図1-05　受注工区図。左上枠内の各社受注額を拡大している

立てキャンペーンで作った受注工区図と金額のチラシ（図1－05）を見てほしい。

大成建設に要請書を出すとともに、12月から、新宿センタービルに入る本社前での抗議行動を始めた。最初は月2回火曜日、最初の数回は総務部の担当者が出てきて要請書を受け取り、私たちの話を聞く姿勢があった。沖縄の那覇営業所にも抗議文を持っていった。そして2015年4月以降は毎月1回第3火曜日に抗議をし続けている。2024年12月で10年になる。株主総会の日、新入社員入社式での抗議なども例年行っている。この間、担当支社である九州支社前での抗議も辺野古で出会った仲間が中心になって定期的に行っている。

2015年が明けて2月から、海上保安庁のゴムボートと対峙する中で、大成建設が仮設工事の一環として施工するブイを固定させるための2トンから45トンにも及ぶコンクリートブロックがサンゴの海に次々と投下され始めた（図1－06）。船に乗っていた私たちにとっても、カヌーで果敢に阻止行動を繰り返す仲間にとっても、心の痛い日々だった。

◉埋め立て工事始まる

図1－6　コンクリートブロックと筆者（提供　ダイビングチームレインボー）

2017年4月25日、日本政府・沖縄防衛局は、辺野古の埋め立て本格的工事を始めるにあたり、大々的なセレモニーを行って、メディアに報道させ、新基地建設に異議をとなえる沖縄県民をあきらめさせようとした。埋め立て工事は、まず始めに東洋建設・株木建設・丸政工務店JV（共同企業体）による大浦湾側奥の傾斜堤護岸工事（K9護岸）で、網に入った「ぐり石」投入だった。

Stop!辺野古埋め立てキャンペーンの仲間で、さっそく東洋建設に抗議に行った。応接室に通され、対応も悪くはなかった。東洋建設は、五洋建設・東亜建設工業につぐ国内三番手の海洋土木会社《マリンコンストラクター》である。基地建設の現場で、トラックの過積載や岩ズリの洗浄がなされていないなどの問題点が上がっていた。また同社のホームページに掲げられているコーポレート・メッセージに「人と地球にあたたかな技術で、（中略）人と地球への責任を果たす企業を目指し、前進を続けてまいります」と書かれているが、沖縄の民意を無視した工事を行っていることに対してどうなのか質問をした。ここでも無回答だった。

10月、傾斜堤護岸の工事は予定の3分の1の100メートルほど進められたまま止まったが、これは護岸工事ではなく、海上搬送した石材を陸揚げするための桟橋として造成されたものだったからである。

⊙軟弱地盤が発覚

前節でも触れたが、2018年になると、大浦湾側にマヨネーズ並みの軟弱地盤が広がっているという問題が広く知られるようになる。しかし、沖縄防衛局は、早い段階から軟弱地盤のことは分かっていたのだ。

名護市辺野古沿岸の米軍基地建設を巡り防衛省沖縄防衛局が2015年、軟弱地盤の発覚に伴い工事計画が「大幅に変更」となる可能性を地質調査の業者から指摘されていたことが10日、分かった。政府は埋め立て開始後の19年、軟弱地盤の存在を国会で認め工期を大幅に延ばしたが、ごく早い時期に見直しの懸念が出ていたことになる。

（沖縄タイムス2022年1月11日）

結局、2020年3月末の段階で、大浦湾側の護岸工事6件がこっそり打ち切りになっていることを「しんぶん赤旗」（2020年4月5日）が報じた。

◉ 辺野古側の工事

この間、深い大浦湾側の工事が暗礁に乗り上げ、ジュゴンの餌の海草藻場が広がっていた浅い辺野古側の工事が急ピッチで進められた。

辺野古側の工事区域をぐるっと囲むように「ぐり石」で固めた上にコンクリートブロック（被覆ブロック）を敷き詰め、テトラポットで護岸を造る傾斜堤護岸K1、K2、K3、K4工事と、中仕切り護岸の新設工事が行われた。2018年8月2日、護岸工事が終了した。

そして護岸の内側への土砂投入が始まり、エメラルドグリーンに輝いていた辺野古の海が、沖縄県条例を

図1-08　辺野古側が埋め立てられた（©沖縄ドローンプロジェクト）

無視した赤土で埋め立てられ始めた（図1－08）。

◉深度90メートルの埋め立ては「未知数」

2020年に入り、大浦湾側の深さ90メートルにも及ぶ軟弱地盤に、リーダーと呼ばれる直径1・6～2メートルのパイプを海底に刺して内部に砂を流し込み、固めてからパイプを抜くという工法（サンドコンパクションパイル法）で、7万1000本の砂杭を打ち込み軟弱地盤を改良するとの話があった。そこで私たちは2020年2月20日、既に辺野古の工事の一部を請け負い、サンドコンパクション船を所有する不動テトラに、「地盤改良工事の受注をしないよう」抗議要請に行った。東京・日本橋にある本社で、丁寧な対応をされたが、私たちの要請や質問には「お答えすることはできません。話だけ聞いておきます」の繰り返しであった。HPに「『不動テトラ』の願いは、その技術力をもって、未来へ安全・安心な国土を届けることです」とあるにもかかわらずである。

帰り際、応接室を出たところに、サンドコンパクション船（図1－09）の模型が飾られていたので、案内をしてくれた社員に「本当に90メートルの埋め立てが可能なんですか」と尋ねると「未知数ですね」との答えが返ってきた。こちらも相手もつい言葉に出た会話だったが、「未知数」というのが地盤改良をする専門技術を持つ企業の本音な

図1-09　辺野古不動テトラ所有のサンドコンパクション船（日本作業船協会ホームページより）

のではないだろうか。

◎ **沖縄防衛局、設計変更を提出するが、玉城デニー知事は不承認**

2020年4月21日、沖縄防衛局は、沖縄県に設計変更申請を提出した。埋め立て予定地に広がる軟弱地盤改良のため、新たな県の承認が必要になったからである。大浦湾側の大半の部分で、サンドコンパクションパイル（SCP）、サンドドレーン（SD）、ペーパードレーン（PD）の工法を用いて地盤改良をし、護岸の形状を変更している。ただ、軟弱地盤が海面下90メートルに及ぶ地点もあり、それに対応する作業船はないとされた。

玉城知事が、2021年11月25日に不承認を出すまでの間、成功例の少ないとされるサンゴの移植なども含めた辺野古側の工事は続いたが、大浦湾側の工事は進まなかった。しかし2020年10月に、承認が出ていないにも関わらず、沖縄防衛局は日本工営・日本港湾コンサルタント・中電技術コンサルタント・大日本コンサルタント・中央開発JVに、8億5800円で「設計業務」を受注させた。私たちStop!辺野古埋め立てキャンペーンは、翌年1月から千代田区麹町の日本工営本社前での抗議を始めた。

◎ **埋め立て土砂の調達**

辺野古新基地の埋め立て面積は、埋立区域全体で約153ヘクタール、埋立土量は約2045万立方メートル（沖縄県HPより）だが、当初計画では、その土砂のうち75%が、奄美・九州や瀬戸内海など沖縄県外6県から持ち出される予定だった。その土砂の搬入に対し、沖縄県側は外来種のアルゼンチンアリなどの混入を問題視した。また搬出地の瀬戸内海や九州の各地で、「ふるさとの土砂を辺野古の埋め立てに使わせない」という辺野古土砂搬出反対全国連絡協議会が２０１５年に発足して、積極的に活動している。

ところが、大浦湾に軟弱地盤が存在することが明らかになったため、設計変更申請をする中で計画が見直された。沖縄内で調達するというのである。

２０２３年８月の時点で、土砂は本部《もとぶ》半島の山々を削って、辺野古に運搬されている。ドローン撮影された写真を見ると、削られた山々は、見るも無残な姿である（図１-10）。

◎安和・塩川港での阻止行動

西海岸にある本部半島の安和《あわ》では、本部島ぐるみ会議の人たちが呼びかけ、多い時で１日７００台にも及ぶ土砂を運搬するトラックの前をゆっくり歩いて作業を遅らせる牛歩戦術の阻止行動が２０１８年12月から行われ続けている。１日に１００台分以上遅らせることができるそうだ。

安和に遅れて、塩川港での運搬が２０１９年４月に始まってからは同時に２カ所で牛歩による抗議が続けられている。また、カヌーチーム辺野古ぶるーの仲間たちも、安和や塩川で、土砂を運ぶガット

図1-10　本部安和鉱山を上空から見る（©沖縄ドローンプロジェクト）

船にロープをくくりつけ、1時間、30分と運搬を遅らせる阻止行動をしている。圧倒的な力の差が見せつけられる中で、少しでも作業を遅らせるための必死の抵抗をしている。

そんな中で、南部の沖縄戦激戦地跡の遺骨が混じっている土砂を埋め立てに使うという話が持ちあがった。遺骨収集をして家族のもとに届ける活動をしている「ガマフヤー」の具志堅隆松《ぐしけんたかまつ》さんが強く抗議をしていて、宗教者の方を中心に反対の声が大きくなり、市民の反対の声も大きくなってきた。

⊙埋め立て費用の増大

また辺野古側の埋め立て工事は、2023年8月末の時点でほぼ完了している。その受注金額は当初より増額していて、1工区は大成建設・五洋建設・國場《こくば》組JV160億円、2工区が安藤ハザマ・大豊建設・大米建設JV91億円、3工区は大林組・東洋建設・屋部土建JV77億円が追加されている。2017年から2023年まで全額で1098億円となっている。また表向きは一般競争入札だが、決定は最低金額ではなく、防衛省による総合評価とされ、落札率は95%になる。

⊙地方自治無視の代執行強行

2024年1月10日、政府の代執行を受けて、沖縄防衛局は大浦湾側の瀬嵩《せだけ》の浜から近い浅いところに、海上ヤード設置のための石材の投入を始めた。これも五洋建設・大成建設・國場組JVによるものである。

そして代執行すらなされていない段階で、大浦湾側の工事の受注も矢継ぎ早に決まってきた（図1-11）。

2024年8月1日から、軟弱地盤に砂杭を打つ作業が始まると報道された。試験杭打ちが7月8日から始まり、そして8月10日からA護岸の鋼管杭打ちが始められた。そのための民間会社の作業船——サン

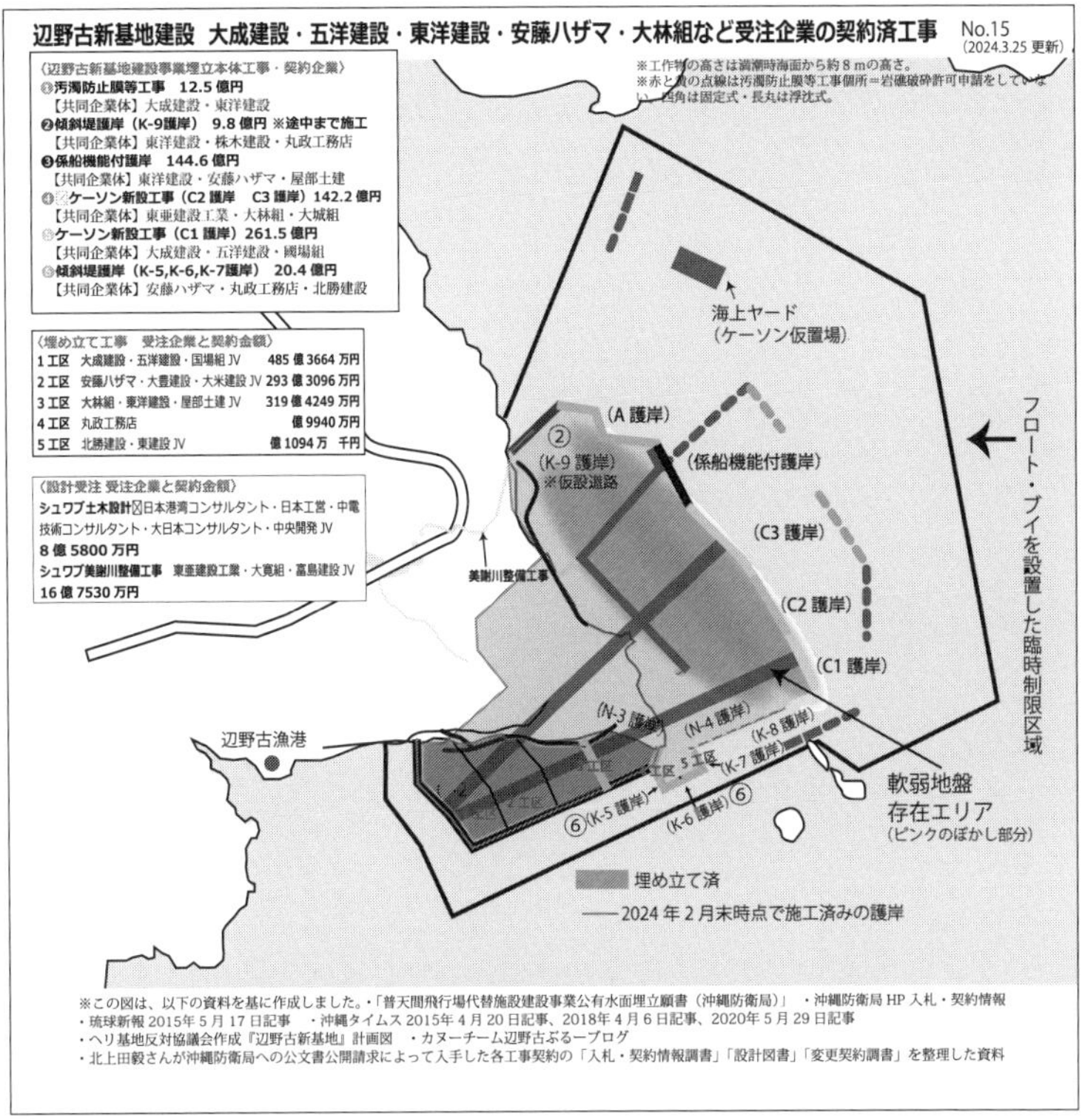

図1-11　受注工区図（Stop!辺野古埋め立てキャンペーンが2024年に作成）

ドコンパクション船の改良には、さらに税金が投入されるという。

第3節 〈会社〉と基地建設

◉辺野古基地計画を作ったDMJM社

ベトナム戦争中の1966年の段階では、辺野古沖に3000メートルの滑走路2本と大浦湾に軍港を造る計画だった。米陸軍工兵隊の依頼により、アメリカの軍事建設コンサルタント、Daniel Mann Johnson and Mendenhall（DMJM《ディムジム》）社が作ったものである。DMJMとは4人の創設メンバーの頭文字を並べたもので、1946年に設立、構造設計を得意としており、米国内外の基地建設設計を請け負っていた。辺野古の海上に基地を構想した詳しい経緯は不明だが、1966年時点では、米軍が明確にその意思を持っていたことは明らかである。ただし、見積もり総額が予算を超えたため実現しなかった。ちなみにDMJM社は1984年、建築設計コンサルティング会社AECOMに吸収合併されている。

◉設計を受注する日本工営

2014年春ごろ、沖縄防衛局の入札・契約情報が同局のホームページに公開されていることを、環境活動をしていたかつての仲間に教えてもらい、地質調査（ボーリング調査）を中央開発が4億4280万円で、埋め立て設計を日本工営・日本港湾コンサルタントJV（共同企業体）が6億156万円で、全部で7つの契約が済んでいることを知った。

これ以前の2008年にも、日本工営・日本港湾コンサルタント共同体として1億7010万円で基本設計（その1）、また日本工営単体で9870万円の基本設計（その2）を受注。2009年には、土木設計を1億5000万円で受注している。これ以降も辺野古新基地建設に関しての設計は、随意契約で、日本工営が受注しているものが多い。

日本工営という会社は、自ら「建設コンサルタントの先駆け」をうたう日本最大の建設コンサルタントで、その歴史は第二次世界大戦中にさかのぼる。創業者久保田豊は、1890（明治23）年熊本県阿蘇に生まれ、子どものころ初めて電気燈にふれ、その不思議さに惹かれて水力発電を夢見るようになり、東京帝国大学土木工学科を卒業する。内務省で河川改修に従事したあと、1920（大正9）年、久保田工業事務所を設立。のちに「水俣病」を引き起こす、チッソの前身の日窒《にっちつ》コンツェルンの野口遵《のぐちしたがう》とともに、1930年代に日本の植民地だった朝鮮に進出する。朝鮮総督宇垣一成《うがきかずしげ》に働きかけ、現在の北朝鮮の鴨緑江に水《スー》豊《ブン》ダムほか巨大なダムを作った。日窒は興南《こうなん》の地に、住民を強制移住させるなどして大規模な化学コンビナートを築いた。

敗戦後の1946年、久保田は、朝鮮からの引き揚げ者の技術を活かそうと、日本工営の前身、新興電業株式会社を設立、国内の大規模電源開発と海外の戦時被災国の復興のための電源開発事業に踏み出した。翌年に日本工営と改称、海外雄飛の夢を断ち切れない久保田は、1953年から54年にかけて、ビルマ（ミャンマー）、ベトナム、ラオス、インドネシアなどを回り、ダム建設適地を調査した。ビルマ政府指導者にバルーチャンダム建設を進言、吉田茂首相に直訴し、賠償金を使って鹿島建設に建設させた。反対する住民に対し、ビルマ軍に護衛されてダム建設地に向かったという。

こうやって日本の援助は、コンサルタント会社、商社などが開発途上国政府に持ち込んだプロジェクトを、戦後賠償資金で日本企業が建設するという形を作り出した。賠償資金がそのまま日本企業に還流するのである。久保田が、こういった事業に大きな影響を及ぼし得たのは、政治家の吉田茂、岸信介、池田隼人らと接触があったからだという。ODA研究者の鷲見一夫《すみかずお》氏はこういうやり方を『ODA援助の現実』(岩波新書)のなかで、「コンサルタント会社の暗躍」だと言っている。

辺野古の基地建設事業でも同じである。日米の建設コンサルタントが計画を立て、多くのゼネコンが共同《ジョイント》企業体《ベンチャー》(JV)を組んで広く分け合って工事を進め、税金である建設資金の多くは本土のゼネコンに還流する。

日本工営は、辺野古では、主に設計業務と統括監理業務を請け負っている。

◉大成建設と共同企業体(JV)を組む國場組

大成建設に関しては、2節でも触れたし、2章以降で詳しく見ていく。大成建設・五洋建設とJVを組む沖縄地元のゼネコン國場組については、4章のキャンプ・ハンセンのところで触れているので、辺野古への関わりを仲井眞元沖縄県知事との関係で見ておこう。

菅義偉元官房長官が「売った男ではないことを歴史が証明するはずです」と本の帯文に寄せた、仲井眞知事について書かれた『沖縄を売った男』(竹中明洋著)によれば、元々通産省の官僚で沖縄電力会長だった仲井眞知事は、沖縄最大のゼネコン國場組会長であった國場幸一郎氏と懇意であった。選挙での応援をはじめ、政策ブレーンとして、また飲み仲間としての深い付き合いがあったようだ。

幸一郎氏は、米軍がいたからこそ沖縄は戦後復興できたとし、その上で「海兵隊《マリン》は縮小するだろう。その後の沖縄の未来を考えるべきだ」と自伝『私の沖縄と私の夢』で述べている。そして「沖縄は、日本の安全保障の一端を担い、その分の国からの援助を求めるべきだ」と言っている。辺野古基地建設に関しては、撤去可能な浮体式ではなく、海兵隊が撤退したあと、北部振興のための空港として使用できる埋め立てにするべきだと主張したそうである。

『沖縄を売った男』を読むかぎり、経済発展のための観光を強力に進めたにもかかわらず、お金のかかるインフラ整備ばかりで、沖縄観光の要である「美ら海」の保全・保護——自然を守るという発想がなかったのだ。

⊙土砂運搬船は本土ゼネコンに雇われている

土砂を運び出す本部半島にある琉球セメント安和桟橋と塩川港では、ショベルとクレーン付きの土砂運搬・陸揚げをする作業船ガット船21隻が常時投入されている。第136伊勢丸〈千葉・館山〉、第8高砂丸〈大阪〉、第8そうほう丸〈大阪〉、かいおう丸〈大阪〉、栄雄丸〈徳島・松茂〉、美鍛丸〈香川・丸亀〉、國喜18〈高知・須崎〉、第51進宏丸〈愛媛・今治〉、聖嶺〈広島・大崎上島〉、聖嘉〈広島・大崎上島〉、清明〈広島・大崎上島〉、寿鷲丸〈広島・呉〉、進朋〈広島・呉〉、第18藤進〈北九州〉、第8丸喜丸〈長崎〉、第38ひなた丸〈長崎〉、第7太海丸〈那覇〉、第8太海丸〈那覇〉、marumasa 5号・marumasa 6号・marumasa 7号〈沖縄・金武〉(〈 〉内は船籍港)で、地元企業の船は、キャンプ・ハンセン前に本社を置く丸政工務店系列の3隻のみ。那覇が母港の2隻は、本土の会社の子会社の所有である。残るすべてが本土のゼネコンに雇われた本土の業者の所有する船である。大浦湾の真ん中に浮かべて土砂の積み下ろしに使うデッキバージ船OceanSealⅡもタグボート幸亀丸、幸鷹丸も、大浦湾の海底調査を行ったポセイドンと同じく、大阪に本社を置く深田サルベージ建設の船である。聞いたところによると、建設コンサルタントの設計業務には、建設機械や作業船を遊休化させないために、次から次へと建設案件を立ち上げることも含まれるのだそうである。

◎サンゴ移植と称する自然破壊をする環境コンサルタント会社　エコー

2021年9月8日、私たちStop!辺野古埋め立てキャンペーンのメンバーは、サンゴ移植を請け負っているエコーを訪ねた。海上行動チームから、エコーの杜撰なサンゴ破壊の現場の写真が送られてきてのことだった（図1-12）。

東京・東上野にあるエコーは、ホームページのトップで「『青い地球を豊かに』それが私たちの願いです」と謳《うた》っているにもかかわらず、全体で8万3000体に及ぶサンゴを移植する計画である。そのうちのほと

図1-12 工業用ボンドで固定されるサンゴ

んどが死滅しているとされる。その上、エコーは電話での要請書を受け取りに応じなかったどころか、郵送で送ったものを受け取り拒否で返却してきた。その後、10月21日、12月14日と3回社前での抗議をしたが、まったく応じない姿勢だった。

⊙地元の下請け・孫請け会社による土砂運搬

安和で土砂を運んでいるダンプトラックは、本部島《もとぶしま》ぐるみの会の阿波根美奈子《あはごんみなこ》さんらの記録によると、地元の下請け、孫請け企業は41社におよぶ。例記すると央章産業、大宜見産業、金平産業、かりゆし産業、義工業、北国運送、北山運送、具志堅運送、琉球黒田産業、国士運輸、国宝運輸、宮城総業、山栄興業、昭和運輸、大保運送、玉姫産業、津嘉山産業、名護運輸、比嘉運送、北陸運輸、まるくに、丸政工務店、丸勇運送、嶺井産業、山城興業、国栄運送、大龍運送、山城重機、山入端運送、桜運輸、中山緑建、北勝重機、北部産業、當眞土木、タマキ産業、長栄運送、我部産業、松長運送、盟友産業、与那覇運送の各社だ。辺野古の工期が長くかかることを見越して、新しいトラックも増えているという。喰っていかねばならないという彼らの現実はあるにせよ、私たち、基地建設に反対する市民は対峙し続けていかなくてはならない。

そして2024年6月28日、安和で死傷事故が起きた。ダンプトラックが、警備員と牛歩で工事を遅らせようとしていた私たちの仲間の一人を轢《ひ》いたのである。これは工事のスピードアップを図ろうとする沖縄防衛局と元請け業者の方針で、警備会社が強引な誘導をしたことによる。警備員が死亡、私たちの仲間は足を骨折する大けがを負った。

第2章 「富国強兵」と基地建設

第1節 鉄砲屋・大倉喜八郎と基地建設

⊙鉄砲屋から台湾出兵・西南戦争

2章からは、明治時代から時代順に基地建設を見ていきたい。明治時代は「富国強兵」の国策の下、全国に軍事施設が整備され、また〈会社〉が深く関わっていった時代でもあった。そしてまず鉄砲屋・大倉《おおくら》喜八郎《きはちろう》（図2-01）についてから筆を始めたい。なぜなら大倉喜八郎は、辺野古の埋め立てを受注している企業のうち最大の受注者、大成《たいせい》建設の前身・大倉組の創始者だからだ。

大倉組（後の大倉土木）は、戦後、財閥解体の中で、1946（昭和21）年に大成建設株式会社と名を変えた。「大成」とは、喜八郎の戒名「大成院殿礼本超邁鶴翁大居士」からとったものである。大倉組・

大成建設は喜八郎が「大倉屋鉄砲屋」の屋号で独立したころから、一貫して日本政府と密接な関係を持ち、政府発注の仕事を受け続けてきた。

２０１６年２月４日、私たちＳｔｏｐ！辺野古埋め立てキャンペーンは、東京で「死のツルハシ――大成建設１４０年史を読む――辺野古の海を埋め立てるゼネコンの実態」という学習会を行った。Ｓｔｏｐ！辺野古埋め立てキャンペーンは、辺野古の埋め立て工事を受注する企業に対して抗議を続けている。学習会の準備のため、国会図書館に通い、大成建設自身が著した『大成建設１４０年史』を読んで、大倉喜八郎がもともと「鉄砲屋」として財産を築いたことに驚いた。大倉喜八郎について書かれた本はほかにも多数あるが、そのほとんどは喜八郎を偉大なる「実業家」として描いている。しかし、岡倉古志郎著『死の商人』（講談社学術文庫）では、鉄砲商人として財を成した喜八郎を、明確に「死の商人」としてその姿を描いている。

図2-01　大成建設の創業者、大倉喜八郎
（近代日本人の肖像ホームページより）

大倉喜八郎は、１８３７（天保８）年生まれの越後（新潟）新発田《しばた》出身。生家は質屋で、幼名は鶴吉とい

い、子どものころから利発だったようだ。特に14歳から始めた狂歌を好み、一生涯詠み続けた。

米国からペリーが浦賀に来航した１８５３年、父を失い、翌年、母も亡くなった。母の百カ日を済ませた満17歳の冬、江戸に出る。江戸の乾物商で2年間、丁稚奉公をし、「喜八」と名乗るようになる。その頃、後の安田財閥を一代で創る安田善次郎と出会った。１８５４（安政４）年、江戸に出て3年目に独立し「大倉屋」と名乗って乾物屋を営むようになる。この頃、喜八は「やがてなりたき男一匹」と歌に詠んでいる。

１８５７年（安政7年）桜田門外の変で井伊《いい》直弼《なおすけ》が水戸の浪士たちに暗殺される。天下騒乱の中、徳川幕府はアメリカ、オランダ、ロシア、イギリス、フランスと修好通商条約を結び、横浜、長崎、函館の港が開かれ、貿易が始まった。日本の開国を進める徳川幕府側と、開国に反対し天皇の政権を打ち立てようとする反幕府側との争いが激化していく中、喜八青年は横浜に向かった。

横浜で、黒煙を吐く外国の「蒸気船」を見て「いずれ世の中が一変する。必ずや騒動が起きる。戦役に必要なものは第一に武器、それも鉄砲である」（『大成建設１４０年史』）と「鉄砲屋」になる決心をするのである。鉄砲店での見習いをしたのち、１８６７（慶応３）年、江戸和泉橋通りに「大倉屋鉄砲店」を開いた。時に29歳、名を「喜八郎」と変えた。明治維新直前のことだった。

喜八郎の目論見《もくろみ》通り、鉄砲の引き合いは多く、横浜の外国商人から仕入れ、自前で運んで納入した。注文に対しては「迅速に正確に売買して、注文主に満足を与える」ことに留意した。開店1年後、幕府軍征討総督である有栖川宮から陣を構える池上本門寺に呼び出され、明治新政府のご用達を命じられる。官軍の兵器食糧一切の調達であり、ここに「政商大倉屋」が誕生した。戊辰《ぼしん》戦争から箱館《はこだて》戦争の際にも官軍に兵器を納入した。

外国に門戸を開いた明治政府は、軍隊の近代化と国土インフラの整備にとりかかる。その中でも鉄道の敷設が最優先させられた。喜八郎は、1870（明治3）年着工された新橋－横浜間の鉄道工事のうち、新橋停車場工事に参加し、第一番倉庫の大工と乗降場および上屋の木材を請け負った。ここから建設請負としての大倉屋が始まった。

次に請け負ったのは、銀座の煉瓦街の建築だった。喜八郎自身は、土木建築の素人だったが、持ち前のマネジメント力で、政府が雇った外国人や大工、鳶《とび》などを巧みに使って工事をやり遂げた。

新橋停車場の完成後、外国への関心を持ち、間接的伝聞では満足できなくなった喜八郎は、1872（明治5）年7月、横浜から洋行の途に就いた。明治維新以降の一般人としては、初の洋行であった。サンフランシスコに到着した後、アメリカの主要都市を回り、ニューヨークを経てイギリスに渡った。ロンドンで、政府の岩倉使節団と出会う。木戸孝允、大久保利通、伊藤博文ら新政府の要人と知遇を得たことが、その後の喜八郎と政府との密接なつながりを作った。ウィーンでは、日本政府が初めて公式参加した万国博覧会を見物し、1年半の洋行を終えた。

帰国後の1873（明治6）年、喜八郎は、日本の表玄関となった銀座に、貿易、造営（土木建築）を業務とする「大倉組商会」を資本金15万円で設立、自らは頭取となった。この大倉組商会が、今の大成建設のルーツとなる。

翌年1874（明治7）年4月、台湾での琉球島民殺害事件が発端となった台湾出兵に際し、喜八郎は、誰も引き受けなかった軍の関連工事、物資調達をひとり引き受けた。この時、生きて再び帰れるか分からないわが身を想い、向島の桜に別れを惜しもうと、次の歌を作っている。

此華にいとま申さん翌年の春を契らん我身ならば

職工、鳶、人夫など500名、兵舎建設資材、兵隊たちの食糧、衛生資材などを積んで横浜を出港。しかしイギリスやアメリカからの抗議が相次ぎ、明治政府から中止命令がいったん出る。だが大久保利通と大隈重信が、鹿児島の西郷軍が独断で出兵したのを知って方針を変更し、政府の出兵決議を上げ、台湾出兵が始まった。この戦争に動員された兵隊は3658名で、死者は573名だったが、戦死者は12名で、そのほとんどは風土病による病死者だった。また病死者のうち128名は喜八郎が雇った人夫で、軍人とともに長崎に埋葬された。初めての戦地御用達は赤字だったが、その頃の喜八郎は、それでも立ち直れる経済力を持っていた。この台湾出兵は、明治政府初の海外派兵であった。

そして、台湾出兵の実績が、1877（明治10）年の最大で最後の士族の反乱・西南戦争で、大倉組が陸軍御用達として目覚ましい成果を上げる下地となった。8カ月間の西南戦争は、明治新政府の政治路線と、徴兵制によってつくられた軍事体制と、警察力の勝利を意味した。戦後、政府は長崎で臨時裁判を行い、2764名を死刑および懲役刑にすることに決め、そのうちの300名を仙台の施設に収容することにしたが、十分な収容能力がなかったため、内務卿の大久保利通は最新設備を備えた施設の建設を考えた。

薩摩の兵士たちは賊軍とはいえ、大久保にとっては同郷の志士である。政府顧問の外国人の推奨でベルギーのルーバン刑務所の様式を採用して、伊達政宗が晩年を過ごした仙台の若林城跡地に建設を決め、建築や土木にそれほどの実績のない、藩閥にも無関係な大倉組に請け負わせたのである。宮城集治監《しゅうちかん》（監獄）は、1878（明治11）年3月に着工し、翌年8月に竣工した。工費は16万円で、主材に欅を用い、内部構造も立派なものであった。1973年に取り壊され、今は新しい宮城刑務所となっている（図2－02）。

そして、宮城集治監が竣工した翌年、伊藤博文の依頼による北海道の樺戸《かばと》集治監の建設を請け負った。樺戸集治監は、「囚人使役」が初めて行われた監獄である。北海道の開拓は屯田兵だけではなく、囚人労働によっても進められる。そして、樺戸集治監は喜八郎が北海道に進出していくきっかけとなったのである。樺戸集治監については、吉村昭著『赤い人』（講談社文庫）が史実に基づいた歴史小説として詳しく書いている。

喜八郎の話は、一旦ここで終えよう。喜八郎は1938（昭和3）年4月22日亡くなる。確かに「命を懸けた」商売に一生をか

図2－02　1879年に竣工した宮城集治監（大成建設140年史より）

けたスケールの大きい「偉大な実業家」であった半面、軍御用商人として多くの兵站や軍事工事を引き受けて基地を造り、そこから多くの兵隊を送り出し、多くの死者負傷者を生んだのは事実である。その喜八郎も、1945（昭和20）年の日本の敗戦までは予見していなかっただろう。

これから、大倉組の変遷とともに日本各地の軍事基地建設について見ていきたい（図2－03）。

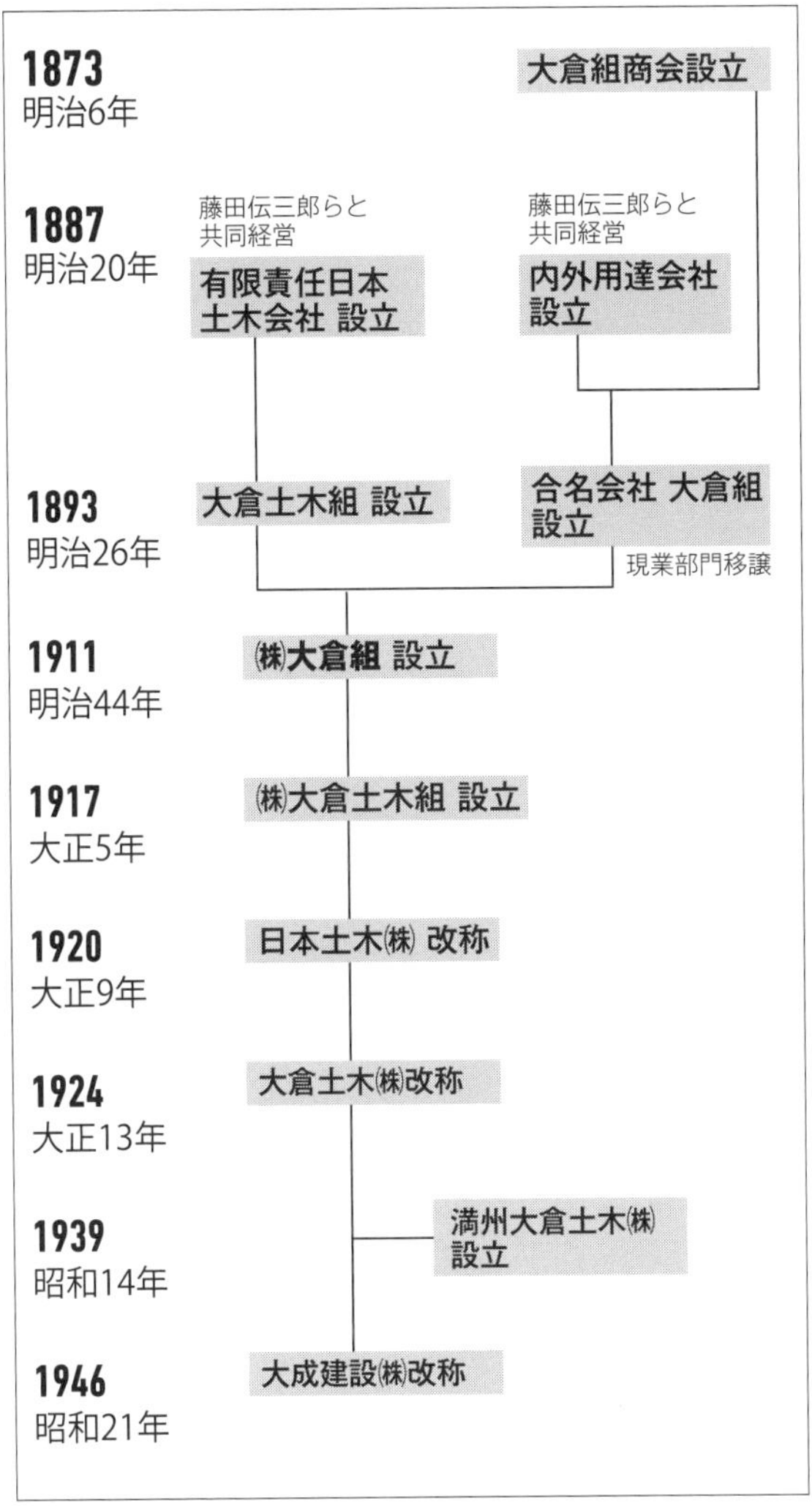

図2-03　大倉組から大成建設にいたる変遷

⊙佐世保鎮守府建設と日本土木会社

『大成建設140年史』には、佐世保軍港建設が大倉組商会にとって「軍港という高度な機能を持つ施設の建設は当社の発展史上忘れることのできない重要な工事」であったと書かれている。海軍基地である佐世保鎮守府《ちんじゅふ》工事は、工期を急ぐため、入札見積もりを出していた大倉組と大阪の藤田組に共同で請け負うよう海軍が要請したもので、2社が共同作業を行った最初の工事である。そして、これが大倉組商会と藤田組との合併による「有限責任日本土木会社」設立のきっかけとなる。しかし、この日本土木会社は、大倉喜八郎以外にも渋沢栄一《しぶさわえいいち》などそうそうたるメンバーが役員に名を並べていたにもかかわらず、6年ほどしか続かなかった。そのあたりの経緯を確認するとともに、佐世保鎮守府建設についても調査するべく、2022年12月、佐世保に足を運んだ。

12月6日、夕方早めに佐世保に着いて、観光インフォーメーションで市街の地図を入手し、距離を測りながら街中を歩いて、元鎮守府のあった現在の海上自衛隊佐世保地方総監部まで行った。そして佐世保市立図書館に行き、佐世保軍港の資料について聞くと、郷土資料室に多数の資料が収蔵されているとのこと。『佐世保市史』関連は東京でも国会図書館に所蔵されているが、元海上自衛隊員である志岐叡彦《えひこ》氏の著作『序説　佐世保軍港史』『佐世保軍港小史』『西海の浮島』などは司書の方が教示してくれた。佐世保軍港と海軍について、そして海上自衛隊についてとても詳しかった。また、出版されたばかりの佐世保史談会『談林』63「日本海軍と佐世保——軍港と工廠——」（山口日都志・中島眞澄著）はまさに私が必要としている論文だった。

夕飯は佐世保名物の「レモンステーキ」を食べた。アメリカ海軍の影響で、流行したステーキを日本人の口にあうようにアレンジして生まれた佐世保発祥のグルメだそうだ。食べやすい薄切り肉を鉄板の上に置き、焼きあがる直前にレモン風味の醤油ベースソースをかけて食べる。

翌7日、海上自衛隊佐世保地方総監部の近くに建てられた、水交社（1898〈明治31〉年、上町の高台に完成し、海軍准士官以上の懇親や娯楽、外国士官との交流、海軍士官の宿泊に利用された）の建物を生かして造られた「海上自衛隊佐世保史料館（通称セイルタワー）」（図2-04）に朝一番で見学に行った。7階建ての、海と帆船をイメージした海上自衛隊が運営する施設である。さまざまな帝国海軍及び海上自衛隊の説明パネルの中で、最も印象に残ったのが、7階の窓から見える軍港部分のほとんどが米海軍基地となっており、その中に位置する立神《たてがみ》桟橋を、海上自衛隊が賃料を払って借りていること、そしてそのことを話してくれた職員がその事実に憤慨していたことであった。海上自衛隊員として、日本の軍港が米軍に乗っ取られるような事態（これが戦後ずっと続いているわけだが）に腹を立てるのは当然だろう。米軍でなくて、海上自衛隊の基地ならいいかどうかは別として、日本が「占領された」ままということがよく分かる。

図2-04　海上自衛隊佐世保史料館（通称セイルタワー）

午後、SASEBO軍港クルーズにも参加した。軍艦や戦闘機に関心や知識もさしてないが、海軍基地がどのように使われているのかには確認が必要だ。船長の格好をしたガイドの案内で、「さいかい（西の海という意味）」という小さなクルーズ船に乗りこんだ（図2-05）。クルーズ船の出港する桟橋のすぐ西側は、米海軍基地である。強襲揚陸艦「アメリカ」が停泊している。ガイドによれば、「アメリカという軍艦が常駐するほど、米国から信頼されている」ことなのだと説明があったが、私には「ここはアメリカだ」と声高に言っているように見えた。

一方、海上自衛隊佐世保基地には5隻の揚陸艦と4隻の対機雷戦艦（掃海艇）が配備されている。揚陸艦のホバークラフトが多数停泊している一角もあった。

図2-05　軍港クルーズ船の「さいかい」

そして、くだんの立神桟橋には、最新のイージス艦「はぐろ」と「あしがら」、そして巨大なヘリコプター搭載護衛艦「いせ」が停泊していた。佐世保を母港としている艦船は、現在23隻ということである。

全く知らなかったが、佐世保には陸上自衛隊の練習施設もあるとのことで、戦闘車両が砂煙を上げて斜面を登る練習をしているのが船の上から見えた。与那国島をはじめとした日米共同統合訓練「キーンソード22」が終わった直後であった。「こんな訓練をしているのは今までには見たこともない」とガイドも言っていた。

本題の佐世保鎮守府海軍基地の建設について話を進めよう。

「鎮守府」とは、1886（明治19）年4月22日、海軍省により鎮守府官制が敷かれ、海軍条例が発令されて（のち1889年5月新たな鎮守府条例が定められた）、日本の海岸を5つの海軍区に分け、その海軍区それぞれに置かれた大日本帝国海軍の拠点である。計画は明治10年代から始まり、当初は5つの海軍区に1つずつ鎮守府を置く予定であった。

1884年仮設の横浜から移転した東海の横須賀、1886年5月4日の天皇の命による勅令39号によって決定し、1889（明治22）年7月1日開庁された瀬戸内海の呉、西海の佐世保、1889年決定され1901年10月開庁された日本海の舞鶴は予定通りだった。5つ目の鎮守府が、北海道室蘭に置かれる予定だったが実現しなかった。これら4つの鎮守府は、太平洋戦争終了まで、艦船の建造や修理を行う海軍工廠《こうしょう》（日清戦争までは造船部）も備えた海軍基地とされ、他に1896（明治29）年4月長崎県対馬の竹敷《たけしき》に、日露戦争後の1905（明治38）年12月に青森県大湊（現むつ市）に要港部が設置された。

鎮守府開庁前の佐世保村は、水深く波静かな一漁村だった。

1883（明治16）年5月、長崎県は「大村湾測量のため、海軍少佐肝付兼行《きもつきかねゆき》ほか6名出張につき、測量中は海岸各村便宜の場所に宿泊、または使用船人夫を雇入るるに付き、相当賃金を以て其の要求に応じ不当のことを為さざるやう」（『序説　佐世保軍港史』）ということを関係各町村に伝えた。『佐世保市史総説篇』によれば、これが、新佐世保の黎明を告げる暁の鐘であったという。

同年8月2日、東彼杵《ひがしそのぎ》郡長松原英義の名で、佐世保村に測量への協力を求めた郡達が出された。「佐世保に軍港がつくられる」との噂は、村や村民を狂喜させ、また緊張させた。

8月のある日、後に連合艦隊司令長官になる東郷平八郎《とうごうへいはちろう》艦長に率いられ、日章旗をひるがえした第二丁卯《ていぼう》という700トン程度の軍艦が黒煙を吐きながら立神沖に碇泊した。推進馬力は小型乗用車なみ、速度も人間が小走りする程度の軍艦だったが、当時の佐世保の住民には初めて見る黒船だった。

約1カ月の停泊の間に、肝付少佐の測量班は早岐《はいき》、相浦《あいのうら》など近隣の港まで詳細に調査した。この時期に、平戸島の江袋《えぶくろ》湾や佐賀県の伊万里《いまり》湾も有力な候補地として測量が行われていた。翌1884（明治17）年には、長崎で発生したコレラを避けて、軍艦金剛が佐世保に入港。1885（明治18）年2月には、海軍卿川村純義《かわむらすみよし》、海軍大輔樺山資紀《かばやますけのり》が佐世保に来たことで、佐世保の人々の間では軍港設置を希望する機運がますます高くなった。3月17日、海軍卿より大蔵卿あてに佐世保を「艦隊集屯所として定むること」という意見書が出された。その後の11月、肝付少佐の調査測量班が再び佐世保入りし、半年にわたって調査した。その時の案内人は地理に精通した井上丹平《いのうえたんぺい》があたった。海軍水路部長の柳猶悦《やなぎならよし》中将が来保し1週間の調査が行われた。佐賀藩出身の海軍中将中牟田《なかむた》倉之助が運動した伊万里有望との声は次第に薄れ、西海鎮守府の佐世保設置がほとんど間違いなしと伝えられ、村民を狂喜させた。

政府内では意見がまちまちだったが、調査に2年半がかけられたうえで、佐世保港が立地に最も優れていることが認められ、内定したのは1886（明治19）年4月のことだったと思われる。4月15日海軍次官樺山資紀が、フランス人顧問の造船技師ベルダンとともに鎮守府建設の準備視察の目的で佐世保入りし、詳細な測量も行った。

1886（明治19）年5月4日、勅令39号をもって、佐世保鎮守府設置が正式に交付された。

勅令

朕茲ニ第二海軍府及第三海軍区鎮守府ノ位置ヲ定ムルコトヲ裁可ス
御名御璽
明治一九年五月四日
内閣総理大臣　伯爵　伊藤博文
海軍大臣　伯爵　西郷従道
第二海軍区及第三海軍区鎮守府ノ位置ヲ定ムルコト左ノ如シ
但其府開庁マテハ横須賀鎮守府ヲシテ第二第三海軍区ヲ管轄セシメ、第四第五海軍鎮守府ノ位置ヲ定ルマテハ、其ノ軍区ヲ横須賀鎮守府ノ管轄トス
・第二海軍区　安芸国安芸郡呉港
・第三海軍区　肥前国東彼杵郡佐世保港

1884（明治17）年当時、佐世保村の人口は3765人であった。

佐世保決定の要因は、佐世保湾の地形にあった。湾の入り口は約85メートルと狭く、湾の広さは約30平

方キロメートル、水深は約5～50メートルもあり、近代の軍艦が出入りできた。さらに周辺は山々に囲まれていて、波静かであり、軍港の適地だった。船の燃料となる石炭の産地にも近く、そして最大の理由は大陸に近く進出に容易だったことである。

用地買収については、軍港設置の内定後、県が布達をもって関係者に指示し、郡も関係者に働きかけ、できる限りの便宜を図った。佐世保の人々も「お上の御用」、佐世保の発展ということで、利害損得を抜きにして用地買収に応じた。海軍の樺山大輔らは、勅語が出る前から村民と交渉に入っていたらしい。

1886（明治19）年7月海軍省買い上げの用地が決定し、8月3日には買収の代金が郡当局に公布された。地元、佐世保高専の教員であった中野健氏によれば「佐世保鎮守府予定地内の土地、家屋の買収は1886年10月末に完了した。買収面積は東彼杵郡佐世保村29万6000余坪、日宇村8万千余坪、北松浦郡山口村内千余坪、計38万169坪余（約11万3700平方メートル）、買収価格は6万2398円余、立退家屋は160棟、その敷地面積は2261余坪（約685平方メートル）であった」と述べている（佐世保史談会『談林』63「日本海軍と佐世保――軍港と工廠――」）。単純計算して、1坪当り16銭前後だった。当時白米1升が4銭～5銭だったのと比較して、いかに安値だったかが想像できる。鎮守府司令長官庁舎付近の土地は、田代家が数百年来所有していた土地で、買い上げは3代にわたって2万坪に及び、お上の御用ということで、不平も言えない悲惨な状況だったことが今も語り継がれているという。

10月23日、東彼杵郡長は、11月15日までに佐世保、日宇両村内の海軍省用地内の立木を伐採するように通達し、月末までに地域内の住民の立ち退きを完了するように指令した。11月末には、住民の協力により概ね完了し、鎮守府建設準備は進んだ。

11月20日、佐世保鎮守府建設委員長として海軍中尉赤松則良《あかまつのりよし》中将が着任、建設事務管理委員副長海軍少佐中溝為雄、軍医大監前田清則、主計小監竹下徳恵らをしたがえて佐世保入りし、鎮守府建設の事業が開始された。

11月、第1期工事の入札が行われ、入札順は、平野富二、大阪土木会社、大倉組、藤田組だった。鎮守府建設事務所は、3位4位の大倉組、藤田組を共同落札とし、平等に分割して請け負わせた。なぜ3位4位の大倉組、藤田組が落札したのか、その経緯はどの資料にも書かれていないが、政商で東西の最大の土建会社に請け負わせたと推察する。請負金額は27万円（『佐世保市史総説篇』）で、請負工積16万5000坪だった。工事着工は1887（明治20）年1月4日、土木工事は開墾工事と埋め立て工事で、鎮守府などの庁舎、兵舎などの敷地の造成だった。埋め立て工事は大倉組、藤田組両組の請負だったが、開墾工事は日本土木会社が請け負った。日本土木会社というのは、「大倉組と藤田組がことごとに競い争い、各組所属の人夫間に不穏の行動がしばしば見られたため、海軍が仲に入り、両組の妥協を図るために共同組織を作ったものである。明治初めの任侠の世界を、そのまゝ持ち込んだようなものであったことが推察される」（『序説　佐世保軍港史』）とある。東京で大倉喜八郎、藤田伝三郎らが大々的に法人化させた日本土木会社も、現場ではこのようなありさまだった。

起工式には、西郷従道《さいごうつぐみち》海軍大臣以下の諸将校が大礼服の金ピカづくめで式場である教法寺に乗りこみ、長崎から呼び寄せられた芸妓舞子のとりもちで、佐世保始まって以来の盛宴が張られた。

鎮守府庁舎は、金比羅山を切り崩して、イギリス産の煉瓦で造られた。1888（明治21）年6月には、海兵団の本部、第一、第二兵舎が竣工し、その後鎮守府庁舎、倉庫なども竣工していった。翌1889（明治22）年3月には建設工事も一段落し、7月1日、佐世保鎮守府は正式に開庁、赤松則良建設委員長がその任を解かれ、改めて初代の佐世保鎮守府長官に任命された。鎮守府条例の制定に伴い、兵器部が置かれ、まず2棟の弾火薬庫が前畑地区に建設された。鎮守府建設第一期工事が全て終わったのは、この年の12月で着工から竣工まで満3年、総費用は99万8713 8円だった。

第二期工事では、海兵団・軍法会議所・監獄・衛生会議所・海軍病院が建てられた。7月1日の開庁後には、造船部の船渠《せんきょ》（ドック）・兵器部の機械工場に着工し、1901年4月竣工した。また、1890（明治23）年艦隊艦船配属に伴い、上陸桟橋や岸壁などの港湾施設の築造が進められた。

作業は、下請負人に雇われた大工・人夫が行い、大工が日給17〜18銭、人夫が12銭〜13銭で、賃金はしばしば遅配、欠配し、失望して帰郷するものもいた。下請負人が管理する粗末な納屋に寝起きし、納屋の賄料、宿泊料に8銭、みじめな生活を強いられた。県内、佐賀県出身のものが多く、九州各地の貧民も旅費を工面して、佐世保に集まるもの数千人と新聞に報じられている。

軍港建設が始まって佐世保の人口は1888（明治21）年には倍近くに膨れ上がった。住居が足らず急造のバラックが建てられていった。人口の急増、人夫の金遣いの荒さに目をつけた悪徳商人も増え、佐世保の物価も吊り上がった。

工事は着々と進み、佐世保は新興の気分が広がっていた。そうした当時の雰囲気を「軍港草分け数え歌」はよく伝えている。

一つとせ、広い平戸の佐世保には、日本に名高き、この海軍省
二つとせ、藤田、大倉請負で、入り込む夫方は数知れぬ、この海軍省
三つとせ、見るに驚く工事場も、大八車でみな運ぶ、この海軍省
四つとせ、横島はじめ潮入崎、金比羅山までみな掘りくずす、この海軍省
五つとせ、岩にかけたる地雷火で、怪我人死人が数知れぬ、この海軍省
六つとせ、無理に夫方を使うなら、追々工事場お引き揚げ、この海軍省
七つとせ、長い道中を厭いなく、他国の人々みな見物に、この海軍省
八つとせ、休みにゃ事務所の旗下ぐる、起つときゃ時間の笛が鳴る、この海軍省
九つとせ、工程定めて市街わり、街筋や「ごばん」の目の如く、この海軍省
十おとせ、遠く田舎も追々に、追々都会になるわいな、この海軍省

この頃の土建工事は、運搬には大八車、一輪車、もっこを使用していた。石を割り岩を砕くためのダイナマイトを使うにも安全管理が徹底しておらず、犠牲者が続出し、80余名の死者を出すありさまだった。工事で亡くなった犠牲者を供養する「役夫死者の碑」が現在の市役所の向かい西方寺参道入り口に建っている。数え歌にもあるように、市街地の建設も進んだ。

そして1890（明治23）年4月25日から26日、開庁式臨御《りんぎょ》のため、周到な準備のうえ、明治天皇が行幸した。一般の人を含め、数万人が集まったと『佐世保市史』には書かれている。

急造された佐世保軍港は、朝鮮支配をめぐる1894年からの日清戦争時、連合艦隊の出港地としてだけではなく、弾薬・石炭・食料・水などの軍需物資の供給基地として多忙を極めた。日露戦争での役割は日清戦争の比にならないほどだったが、多くの兵士が満洲で屍を晒したことなどの負の部分は語られず、戦後の凱旋艦隊記念式典には3000余人もの市民が集まったという。

第1次世界大戦では、日本は直接の戦場とならなかったことで、連合国から軍需物資の注文が相次ぎ好景気に沸いた。日中戦争から太平洋戦争にかけても、九州及び四国、沖縄などの西日本地域一帯の防衛と、大陸に近接していたため東アジアへの進出拠点となった。

現在の佐世保は、前述したように、主だった港湾は米海軍佐世保基地として使われ、その一部を海上自衛隊が借りているような状況である（図2－06）。

図2—06　弓張岳展望台から現在の佐世保の町を望む

⊙北鎮と第七師団衛戍地——アイヌの地、旭川にできた陸軍基地

私が旭川駐屯地に関心を持ったのは、２０１６年頃、大成建設の歴史について様々な機会に話していた時、ある集会で私の話を聞いた仲間から「大成建設、大倉喜八郎について話すというから、旭川で、大倉がアイヌの土地を奪ったことに触れると思ったけど、なかったね」と言われたことがきっかけだった。その仲間は、長くアイヌの運動の支援をしていた。詳しいことを調べようにも、インターネット上でも情報が少ない中、金倉義慧《ぎけい》さんという方の「旭川・アイヌ民族の近現代史」という学習会の資料が見つかった。基地建設を進めていく中で、アイヌの人たちの土地を奪ったことは『大成建設１４０年史』には当然のことながら触れられていない。陸軍第七《しち》師団の移転と深くかかわっていることは事実のようだと見当はついてきた。

旭川の基地建設のことを詳しく知りたいと調査を進める中で、『第七師団と戦争の時代——帝国日本の北の記憶』（渡辺浩平著）という本が出版されているのを知り、さっそく入手した。その本で

図2—07　旭川駐屯地に建つ北鎮記念館

旭川駐屯地の隣に、陸上自衛隊第二師団が運営する「北鎮《ほくちん》記念館」という資料館があるのを知り、長年気になっていた旭川を訪ねることにした。

私が「北鎮の地」旭川に入った2022年10月18日、道東から旭川への道すがら、石北峠《せきほく》では雪が舞った。『第七師団と戦争の時代』によれば、「北鎮」とは「北方の脅威から自らを護る」という意味である。北鎮記念館（図2－07）で、案内をしてくれた自衛官の方から聞くまで、戦前は陸軍の軍隊が1カ所に永く駐屯する場所を「駐屯地」とは言わず、「衛戍地《えいじゅち》」と言っていたことさえ知らなかった。兵営や練兵場だけでなく衛戍地には軍の病院や監獄などもあり、「衛戍病院」「衛戍監獄」と言った。

⊙旭川に置かれた第七師団

北海道は、明治期に入り、1875（明治7）年から開拓と兵力の両方を担うものとして政府が屯田兵を配備してきた。俸禄《ほうろく》のなくなった元士族の救済も目的とされていた。屯田兵は、北海道の厳しい自然環境の中、規則正しい生活と教練・開墾を求められた。1873年に陸軍省から発令された徴兵制から遅れて、北海道にも1887年（明治20年）徴兵制が施行された。日清戦争開戦時（1894年）、日本陸軍には近衛師団と第一～第六師団しかなかったため、屯田兵を臨時第七師団とする動員令が下ったが、東京で待機中に日清戦争の講和条約（下関条約）が結ばれ、第七師団は復員した。

その一方で、日清戦争の講和条約の下関条約で2億テール（約3億1100万円＝現代の銀の価値で1兆300億円ほどになる）もの多額の賠償金を得たこと、また日清戦争以後、ロシアとの緊張関係が高まったことなどを理由に、軍備拡張が進んだ。1896(明治29)年に独立編成部隊として出発した第七師団が、1899(明治32)年正規師団に改編されることになった。そして第七師団のうち、札幌月寒《つきさむ》村に駐屯した歩兵第25連隊以外の歩兵第26、第27、第28の各連隊、騎兵第7連隊、野戦砲兵第7連隊、工兵第7大隊と、軍隊において食糧や武器弾薬などを輸送する輜重兵《しちょうへい》第7大隊は、アイヌの集落である上川(旭川)を衛戍地とすることになった。

第七師団の設置場所については、最初から札幌周辺と上川周辺の2つで意見が割れていた。上川は北海道の中心部に位置し、そこを拠点に鉄道も敷設される予定になっていること、札幌は本州各地の師団や分営地があまり内陸にないことや食糧輸送の点で優れていることなどが利点として挙げられた。地理上の便利、用水の清潔、雪量の少ないこと、地方庁への利便、練兵場の隣接などの師団設置条件に適合するかどうかが検討された。

当時内定していた札幌周辺の平岸《ひらきし》は、土地買収に問題が生じて取りやめとなり、最終的に札幌郊外の月寒村とした。師団が月寒から上川に移転する時も、適合地かどうかの議論が再燃したうえ、後に師団移転工事を請け負う大倉組の大倉喜八郎が陸軍省幹部と癒着して師団拡張、上川移転を推進したのではないかという不正疑惑もささやかれる中で行われた。

用地の選定は、陸軍省によって進められた。1898(明治31)年11月に村山邦彦歩兵中佐、渡辺協歩兵少佐、志波歩兵少佐、宇山陸軍3等軍医正、田島臨時陸軍建築部技師などを北海道に派遣し、千歳・追分(胆振《いぶり》国)、七飯(渡島国)、雨粉《うぶり》・上川・岩見沢(石狩国)などの道内各原野を実地調査させた。その結果、1899（明治32）年2月、上川郡鷹栖村字近文《あざちかぶみ》と内定したのである。

◉大倉土木が受注

用地買収に中心的に関わったのは当時の上川支庁長、林顕三《けんぞう》だった。買収は1899（明治32）年2月から始まったが、最も気を使ったのは、不正な手段を使うこともいとわない奸商《かんしょう》に情報が漏れて土地投機が盛んになり、地価が暴騰することだった。地主たちに口止めをし、ロシアとの対外情勢が緊迫化する中で官民上げて報国意識を高めるよう、買収の基準を記した標準書をもとに協力を要請した。地主たちは2月26日午後4時から協議をはじめ、夜を徹して話し合い、翌27日午後2時になって合意した。買収条件は、付与地は平均1反歩11円、貸付地の開墾料は1反歩10円の割合とした。家屋移転料と果樹移植料は標準書に準拠することになった。中には高圧的な役人の言葉に不満を持ったものもいたが、ほとんどの地主たちは満足して請書を提出した。この合意に基づいて、第1回目は121万2031坪が、第2回目は6月に合意が成立、1反歩平均20円で35万1707坪の土地が買収された。その後第3回目に道路用地が、第4回目に射的場用地が、第5回目に軍事鉄道用地などが買収された。

用地の内訳は、兵営、司令部などが置かれた官衙《かんが》その他敷地57万5000坪、練兵場63万6850坪、射的場及び山添空地35万1898坪、丘陵（近文高台）383万9100坪であった。買収地は第七師団主要部分に充てられ、広大な敷地に一師団が集中して設営されたのは日本でも世界でもまれなことだったという。

兵営・官衙の建設工事は、1899（明治32）年6月に、大倉土木組が一般入札ではなく随意契約で、敷地と建物を一手に引き受けることが決まった。これは1898（明治31）年3月8日付の勅令38号「北海道ニ於ケル陸軍管理ノ工事ハ運輸交通不便ノ地ニ建設スルモノニ限リ随意契約ニヨルコトヲ得ル」に基づくものとされる（『新旭川市史第三巻』）。しかし『大成建設史』によると、「第七師団建設の重要性を深く認めていた陸軍大臣桂《かつら》太郎が、ひそかに大倉喜八郎を招いて、師団建設工事の一切を大倉に任せるとの内命を下した」とある。4年間の工事で、総工費329万9034円余り、師団関係工事全体では467万8300円以上となった。

工事は臨時陸軍建築部が担当し、上川派出所が建設地内に設置され、臨時建築部長陸軍少将原田良太郎が総括指揮し、実際に現地で指揮を執ったのは上川派出所の建築部事務官歩兵少佐の渡辺協で、陸軍技師軍のベストメンバーを配した。大倉土木組としても最高の布陣で建設にあたった。1899（明治32）年6月16日に現場に到着し、直ちに敷地造成、木材切り出しにとりかかり、7月10日に兵舎建設に着工した。

最初に着手したのが、資材運搬用の鉄道敷設だった。臨時陸軍建築部が費用を負担し、8月1日に着手、北海道官設鉄道上川線の旭川駅から札幌よりに4・1キロ戻ったところに近文停車場を設置し、そこから師団建設地まで専用鉄道路線が敷設された。1899年9月30日には陸軍大臣桂太郎が工事の視察を行った。

木材は、近隣の美瑛《びえい》の御料林と愛別の官林を用い、2～3時間で50石の木材を乾燥させることのできる器械乾燥機と器械木挽き工場も建設された。そして最初に建設が始まったのが歩兵第28連隊の兵営で、第27連隊、砲兵、輜重兵の兵営に着工した。その後1900（明治33）年に、歩兵第26連隊、工兵の兵営の着工と官舎700戸のうち300百戸余りが竣工し、11月正式に開庁した。1901（明治34）年には師団司令部、衛戍監獄、衛戍病院、兵器支廠《ししょう》などが竣工した。さらに火力発電所も建設された。

工事には、多くの大工や職工が雇われ、1日の最高動員6000人、工事期間の延べ動員数は2百数十万人だった。その確保は大変で遠く名古屋などからも職工を集めることとなり、工賃の急騰をもたらした。

工事が完成した時、首相に就任していた桂太郎が、この師団の建設完了を喜び「幾多能満毛利（北の守り）」と揮毫した記念碑が、師団隣の招魂社（現在の北海道護国神社）内に建てられている。また、大倉組は、陸軍将校の集会所である偕行《かいこう》社を建設・寄付した（図2-08）。

ここで大倉土木の一括請負の話に戻る。大倉土木の一括請負は、

図2—08　大倉組が寄付した偕行社。いまは美術館になっている

地元の土木請負業者を大いに憤慨させ、臨時陸軍建設部長原田良太郎に請願を行うまでとなった。地元の業者だけでなく、新聞社『北海タイムス』も不当性を訴えた。勅令38号が認めているのは交通不便の地における工事の場合であるが、旭川は北海道中枢の地で3本の鉄道が入り交通不便の地とは言えず、さらに陸軍は、軽便鉄道に関してもさまざまな恩恵を大倉組に与えていること。大倉組は工事を二重三重の請け負いによって行っており、その結果、経費は6割しかかかっておらず、残りの4割は大倉組と途中の請負業者の懐に入っていることなどである。

こうした随意契約の不合理性と、陸軍と大倉組の癒着が報じられると、会計検査院も調査を始め、1903（明治36）年に入って「随意契約は、勅令には該当せず、190万円余りの支出は、会計法に違反する」との決定を下した。そして日露戦争さなかの1905（明治38）年1月の第21回帝国議会で取り上げられた。陸軍省は一度は不当性を認めたものの、決算委員会分科会で疑惑を否定する見解を表明、しかし分科会は政府の言い逃れを許さず、不当支出の決議と天皇に上奏《じょうそう》することを決議した。その決議は決算委員会総会でも全会一致で可決された。ところが桂太郎首相は、日露戦争のさなかであり、天皇を煩わせることを避けたいという思惑もあって、政友会、憲政本党に働きかけ、上奏案はうやむやのうちに衆議院本会議で葬り去られた。

⊙大倉土木によるアイヌ排斥

さらにアイヌの人々を大倉喜八郎らが追い出したという近文アイヌ給与地問題にも触れておきたい。旭川のある上川は、もともとアイヌの言葉「川上の人々の集落《ペニウンクル・コタン》」の意訳と言われ、石狩川の上流に住むアイヌのことを意味した。つまり、アイヌの土地であった。そこに第七師団の衛戍地を建設した大倉喜八郎らは「『蒙昧無知』で『不潔』な『旧土人』を市街の中央に居住させることは衛生上『極めて危険』である」(『鷹栖村史』)という言説が流布する中で、アイヌの人びとの天塩《てしお》への転地を画策した。

石狩川北西部に位置する鷹栖村の近文原野《ちかぶみ》のうち150万坪が給与予定地に設定され、1894(明治27)年5月、アイヌ36戸に割渡《わりわた》しされた。問題が起こったのは、1899(明治32)年に施行された「北海道旧土人保護法」によってアイヌに与えられるべき土地が、近文原野に限り適用されていないという点にあった。給与地ではなく給与予定地だったため、官有地であった。「北海道国有未開地処分法」を根拠として、近文アイヌの一括移転と大倉らへの一括貸付処分を行うという構図がすでにできていたのである。そこに陸軍大臣桂太郎が「土人」に渡す金6800円(当時の金額で、北海道庁官年俸の1・5倍ほど)の負担を大倉に依頼した。大倉と八尾新助《やおしんすけ》は、近文近在の商人三浦市太郎を使って転住に関する委任状を取りまとめ、大倉自ら旭川の丸福旅館でアイヌ住民を酒宴に呼んで饗応し、その席で移転願書に捺印させた。

これを知った鷹栖村総代人、板倉才助や小暮粂太郎らは、大いに憤慨し留住請願運動を展開した。鷹栖村戸長、上川支庁、北海道庁に「旧土人留住請願書」を提出したが、北海道庁は「決行済」として却下する。アイヌ住民と板倉らは、札幌に出向き、また三浦市太郎を告訴したが、検事からは「示談の説諭」があったのみで、告訴は「不起訴」となった。一方、北海道毎日や小樽新聞も連日キャンペーンをはり、旭川村の有志も加わり1900(明治33)年4月4日「近文土人給与地事件有志政談演説会」が行われた。

そしてアイヌ住民の天川恵三郎や川上コヌサアイヌが鷹栖村の板倉や青柳鶴治と上京して、閣僚やかねてからアイヌ住民の保護や救済を訴えていた内務省北海道課長の白仁《しらに》武など関係役人に陳情し、新聞各社に訴えて世論を喚起した。その結果、1900（明治33）年5月3日、北海道庁長官の園田安賢《そのだやすたか》に、「アイヌの人たちが転住を望まないなら強行する必要はない」と言明させ、ひとまず収束した。しかし、北海道庁は「先に欺かれて調印したる書面の還付を求めたるも当局者は言を左右に托して還付」しようとはしなかった（『旭川・アイヌの近現代史』）。この問題は、旭川市による詐取の第二次近文アイヌ給与地問題へと続いていく。

今では、近文の土地は、旭川市街地の一部となっている。旭川行きの最後に、近文の「川村カ子《かね》トアイヌ記念館」を訪ねた。チセ（住宅）や日常で使われる品々などアイヌの人たちの昔からの生活の様子が展示されている（図2－09）。

「北鎮」――自らを護るために作られた第七師団衛戍地であったが、「最強師団」と言われた第七師団は、日露戦争では旅順要塞

図2−9　川村カ子トアイヌ記念館

攻略や激戦とされた203高地での戦い、奉天の闘いに出征していくことになる。そして1938（昭和13）年には満洲へ出兵、太平洋戦争でも出兵し、1943（昭和18）年5月29日太平洋戦争で初めて大本営によって敗北が発表されたアッツ島玉砕まで続いていく。現在は、元の練兵場を陸上自衛隊第二師団旭川駐屯地として、旭川市の真ん中に存在している。

他に、日清戦争後の軍拡期に大倉組が手掛けた陸軍の工事には、金沢兵営（石川県1896年）、村松兵営（新潟県1896年）、弘前兵営（青森県1897年）、小倉兵営（福岡県1897年）、津田沼兵営（千葉県1900年）などがある。

第2節　呉鎮守府建設と下請けの水野組

◎五洋建設発祥の地

2023年3月24日、山口県東部に位置する岩国を、翌25日には広島県の呉《くれ》を訪ねた。岩国基地については第4章で昭和から平成にかけての拡張工事について述べる。

呉は、今でも自衛隊基地として使われている軍港があり、明治時代に海軍呉鎮守府《ちんじゅふ》が造られた街である。調べたところ、呉もまた佐世保と同様、大倉組・藤田組が建設を請け負ったことが分かった。

呉へは、JR呉線で入った。呉駅にまもなく着こうという時、窓越しに見えたのがいくつものクレーンの立ち並ぶ三菱重工の工場であった。火力発電用ボイラーや排煙脱硫装置などエネルギーと環境保全に関連する製品を作っているという。先に訪ねた佐世保も佐世保重工業の工場があったが、バスからは見えなかった。呉の方が工場の規模が大きい感じである。佐世保と呉を調べながら分かったことは、佐世保は大陸への前線として兵員や物資の補給拠点が、そして呉は後方支援として軍艦の建造や修復の拠点の海軍工廠が発達してきたということである。

呉駅では「ピースリンク広島・呉・岩国」の呉の世話人・西岡由紀夫さんが待っていてくれ、一緒に呉基地を展望した。呉湾に面した二河川《にこうがわ》公園から呉港を眺めた。日本遺産の「歴史の見える丘」から、太平洋戦争中に「戦艦大和」が造られた海軍工廠を継承しているジャパン・マリン・ユナイテッドの船渠《せんきょ》（ドック）が正面左手に見える。「大和のふるさと」と書かれていて、ドックの骨組みは戦時のままである。またちょうど隣のドックで自衛隊のヘリコプター搭載護衛艦「かが」が、垂直着陸可能な米国製の最新鋭ステルス戦闘機F—35Bの離陸の際の高熱に耐えられるように甲板を改修工事しているのが見えた。

そして、市内宮原にある水野公園にも立ち寄った。呉を訪ねた目的の1つは、呉発祥の五洋《ごよう》建設（元水野組）について知りたいということだった。創立された明治時代から海軍の仕事を請け負い続け、今は辺野古の大浦湾側の、コンクリートの箱で岸壁を造るケーソン工事なども請け負っている。私の依頼に応えて、西岡さんがあらかじめ調査して下さっていた。水野公園は、五洋建設が呉市に寄贈したもので、呉湾を見渡せる高台にあり、景色の良いところだった。そして、2015年に建設されたばかりの呉市役所も五洋建設の施工で、130億円の事業費だったことなども分かった。市役所には、呉市長を3期務めた水野組5代目水野甚次郎の胸像も飾られている。

高台の墓地などからも呉基地を見学した後、自衛隊の潜水艦桟橋が目の前に見える「アレイからすこじま公園」で昼休憩をした。潜水艦桟橋の目の前のカフェで、「海軍カレー」を注文した。海の上や潜水艦の中で、曜日感覚が失われるため、毎週金曜日がカレーの日だという。そして、海の揺れでこぼれないようドロッとしたカレーが特徴らしい。

◉軍港の街を歩く

潜水艦桟橋には9艇の潜水艦が停泊していた（図2－10）。これほど多くの潜水艦が止まっているのは珍しいとのこと。任務に出ておらず、訓練もなかったということだろう。そして、呉は自衛隊基地だとばかり思っていたが、潜水艦桟橋の隣に米陸軍基地もあった。

昼食後、西岡さんが「とても生々しいよ」という海軍墓地（長迫公園）へ向かった。墓地に入ってすぐのところに、「戦艦大和戦死者之碑」があり、その周囲に船とともに沈んだ3063名の死者の名前がずらっと刻まれている。そして太平洋に沈んだ86の戦艦の

図2−10　桟橋に停泊する潜水艦

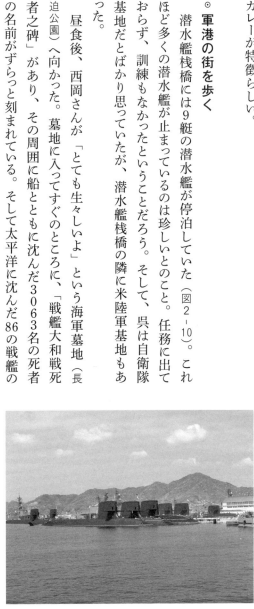

碑があり、157の個人墓と1つの英国水兵の墓碑がある。ひとつひとつ丁寧に見ていくと、明治以降、太平洋戦争が終わるまでいかに多くの命が失われたかが、本当に生々しく感じられた。基地のある街は、どこも軍墓地とセットである。ここは公益財団法人呉海軍墓地顕彰保存会によって運営されている。

呉の街中に戻り、西岡さんと別れ、呉の最大観光施設「呉市海事歴史科学館（通称大和ミュージアム）」と「てつのくじら館」を見学した。戦艦大和の10分の1の模型が飾られている大和ミュージアムは、呉市の施設で、見学者も2005年の開館から10年で1000万人を超える。鉄でできた船がなぜ浮くのかなどを展示した「船の科学」のコーナーは面白かったが、本物の戦闘機や戦艦の模型などは特に面白いという感じではない。てつのくじら館は海上自衛隊の広報施設なので、「掃海艇の活躍」「潜水艦の活躍」といったコーナーがあり、潜水艦「あきしお」が展示されていて、その中を見学できるようになっている。

26日は、午後の「呉湾おさんぽクルーズ」に合わせて、午前中、市役所の見学と呉市中央図書館をたずねた。事前の下調べで、図書館内に歴史編纂室があることが分かっていたので、基地建設について資料を探すつもりであった。『大呉市民史』『呉市史』を読んでいると、佐世保同様ここでもまた司書の方が、呉市役所呉市史編纂室室長を任めたの千田武志氏の「呉鎮守府の建設と開庁(Ⅰ)(Ⅱ)」（政治經濟史學426号・427号）という論文（以下「千田論文」と省略）を紹介してくれた。呉から東京に戻って、国会図書館で入手したが、今まで私が調べてきた中で最も詳細に呉基地の建設に焦点を当てて書かれた論文なので、後ほど引用しながら紹介したい。

図書館での調べ物のあとで「呉湾おさんぽクルーズ」に参加した。日曜日の午後2時過ぎのコースは、呉観光ボランティアによるガイドを実施とのことで、午後のクルーズに乗った。江田島の小用《こよう》行きのフェリーに乗って往復するコースで、自衛隊OBが案内する艦船めぐり（通称呉軍港クルーズ）ではない。

まず出港すると、昨日、西岡さんに陸上から案内してもらった呉の港が見える。煉瓦造りの呉地方総監部、それから呉湾内に巨大なピンク色のONEというひときわ目立つ船が見える。シンガポールのコンテナ船だそうだ。そして造船所群、自衛隊艦船も見える。しばらくすると音戸《おんど》大橋が遠くに見えてくる。複雑な入り込んだ地形が軍港と海軍工廠を支えてきたことが分かる。江田島の小用に着く直前は、カキの養殖いかだがたくさんある。しかし、のんびりした風景の合間、合間に、弾薬庫だったりトンネルのような倉庫だったり、さまざまな自衛隊の施設が造られている（図2-11）。

小用港に着いて、席を反対側に移動して、出港してしばらくすると、大麗女島《おおうるめ》が見えてくる。自衛隊の弾薬庫がある島だ。呉港近くには海上保安学校も見える。45分のミニクルーズを終えた。

そして呉を出発するまでの時間、入船山公園にある入船山記

図2−11　呉港から見る造船所群

念館に足を延ばした。芸予地震で崩壊した後の1903（明治38）年に再建築した当時の姿に復元された旧鎮守府司令長官官舎で、和洋併設の建物だ。歴代32代の司令長官と家族が暮らした住宅でもある。歴史の見える丘同様、「日本遺産」になっている。

工廠《こうしょう》で働く労働者に時刻を知らせた旧呉海軍工廠時計塔や旧高烏《たかがらす》砲台火薬庫なども移設されている。ここでも呉観光ボランティアガイドにお世話になった。

⊙下請けとして急成長した水野組

さて、呉鎮守府建設の話に移ろう。佐世保の項で述べたように、佐世保と呉は同時期1883（明治16）年から調査がなされ、1886（明治19）年5月4日、勅令39号で、呉・佐世保の第二海軍区・第3海軍区鎮守府設置が決定されている。千田武志氏の論文によれば、調査の前から海軍省内では内定していたようだ。調査は佐世保同様、東郷平八郎艦長率いる第二丁卯《ていぼう》に乗った肝付兼行《きもつきかねゆき》少佐一行によってなされ、鎮守府の最適地であることが実証され、建設に向けての現地調査が進んでいた。そして用地買収とそれに伴う移転対策、建設計画の作成、請負人の選択などがなされた。

1884（明治17）年から用地買収の交渉が開始され、翌年から買収が実施されたと考えられる。『大呉市民史』には、「関係村落の人々は父祖世襲の土地家屋を失ふを悲しみ不安の情はあったが敢《あえ》て拒むものはなかった」とある。

用地買収の実態については、千田武志氏の論文の中から『呉市史』から作成した表を掲載する（図2-12）。

まず、国家の予算は「鎮守府の建設に必要な予算については、明治19年の最初の閣議において海軍公債を財源とする特別費約2176万円の計上がみとめられ、このうち156万3195円（決算額156万86円）を割り当てられおり、この予算によって19年、20年、21年度の3カ年で建設を実施することになっていた」（「千田論文」）。

1886（明治19）年5月3日、第二海軍区および第三海軍区の鎮守府建築委員が任命され、第二海軍区は、それまでにも来呉している樺山資紀中将が委員長に就任、10月には建設委員に建築事務管理海軍大佐の佐藤鎮雄《しずお》、土木主任三等技師の石黒五十二、衛生主任軍医大監豊住秀堅、会計主任主計大監安井直則、造家主任四等技師曾根正蔵が任命されている。10月27日、呉に建築仮事務所が設置され、東京から職員が着任し工事が始まった。

1887（明治20）年6月11日に第二海軍区鎮守府

買収地		買収反別	買収費（円）
		町．反．畝．歩	
宮原村	Ⅰ期（明治19年）総反別	76.　9.　8.　14	128,998
	家屋移転料等		72,124
	Ⅱ期（明治20年）追加反別	2.　8.　9.　6	4,272
	家屋移転料		3,082
	Ⅲ期（明治21年）追加反別	4.　4.　22	587
	家屋移転料		145
和庄村	（明治19年）総反別	12.　0.　0.　00	16,600余
	家屋移転料		2,113
	（明治23・24年）墓地敷地	2.　1.　6.　10	1,979
荘山田村	（明治18年）総反別	11.　0.　4.　00	13,804
	家屋移転料等		145
	（明治19年）追加反別	12.　7.　0.　00	16,900
	（明治19～24年）射的用地	18.　7.　3.　26	22,018
計		148.　0.　5.　85	293,748余

図2-12　海軍用地買収の状況（出所：『呉市史』第1輯、大正13年、千田論文より）

建築事務所が設置、9月9日に呉鎮守府建築事務所と改称された。9月22日、真木長義《まきながよし》中将が呉建築委員長に任命されたが鎮守府開庁の準備もあり、実質的には、佐藤鎮雄事務管理（後に副委員長）が責任者の役割を果たした。

請け負った業者は、ここでも東西の最大の政商である藤田組と大倉組商会（のちの大成建設）だった。佐世保と同じく、大工事のうえ工期を急ぐ必要があったためである。ただ、呉の場合は両者が独立した企業として各工区を分担した。

その下請けとして地元業者を含む多数の業者が参加している。下請けの中には、海軍工廠第一ドッグ側敷地鍬取《くわとり》工事を施工した神原《かんばら》組があった。そのうちの1人に会計渉外担当として請われた第4代水野甚次郎《みずのじんじろう》がいた。翌年には神原組を改組して宮原村土木同盟会社を組織、水野甚次郎は代表者となった。1896（明治29）年には、宮原村土木同盟会社を解散して水野組（のちの五洋建設）を創立、組長に就任する。以降、水野組は横浜、大阪、舞鶴、佐世保、朝鮮半島や台湾での海洋土木工事に従事するようになる。「水の土木の水野組」との評判をとり、「予算なく官お困りならお受けせよ」と損得勘定抜きに仕事を引き受けた。

◎4年の歳月で完成した鎮守府

工事の進捗状況を見てみよう。土木事業は五区に分けられて施工された。

第1工区　砂防工事
第2工区　境橋の架設、端船繋留所の保壁、倉庫・官舎・兵営最寄り下水道路と新川工事及び臨時水道修築
第3工区　船渠及び附属工事、造船所・兵器武庫地の堀鑿《くっさく》
第4工区　軍法会議・病院・監獄地の堀鑿、新川及び濾過池・貯水池工事
第5工区　飲用水道路入水口・線路及び鉄管据付・火薬庫地工事

1886（明治19）年10月30日土木工事、11月7日建築工事が起工、11月26日大倉組商会、12月17日に藤田組の起工式が行われた。大倉組の起工式は、佐藤海軍大佐の演説あり、大倉喜八郎の答辞あり、石黒土木監督の鍬取りがあり、広島より芸妓20名余りを呼んで酒宴を設け、見物人には投餅ありといった起工式だったという。

工事開始から約3カ月後の1887（明治20）年、1月から2月の本宿大佐の工事視察時の報告によると、契約を超える進捗状況となっていた。人夫の募集が予想より簡単だったこと、晴天に恵まれたこと、請負人が促成工事を有利とみなしたことが予想を上回る進捗を示した理由として挙げられている。中でも藤田組の進捗が大倉組を上回っているのは、藤田組の人夫のほうが熟練していたからであったが、大倉組の請負が石の多い最も困難な工事だったからでもあった。この時点では、土木工事が終了していないため、建築工事は進展していなかった。

全体として予想をこえる工事の進展が続いたこともあって、1887（明治20）年8月までに竣工し審査に合格したものとして、鎮守府並びに倉庫地掘鑿《くっさく》5万8736坪（約193万平方メートル）、鎮守府石段、また竣工したものの審査中のものとしては、監獄、病院、官舎、軍法会議地の掘鑿があげられる。さらに第一縦道下大下水、鎮守府新川、監獄地新川がほぼ竣工している。藤田組請負の2工区の掘鑿と同地区の関連工事が終了したことになる。

基礎工事の状況について、地盤の軟弱な埋立地に建設されることになった兵営の本営工事は、土中を掘って水平にし、そこへ生松丸太を並べ、杭打器械で打ち込んで杭頭をそろえ、2回にわたってコンクリートで固め、周囲を埋め立てその上に焼き過ぎレンガをコンクリートでつないで基礎とした。

1887（明治20）年12月の時点で、藤田組請負の土木工事とその周辺工事が完成した。造船所、火薬庫、水道などが土木工事中、軍港司令部、中央倉庫、兵営、病院、監獄などが建設工事中である。鎮守府工事は、造成は終了しているが、建築は開始されていない。

当時、予算の関係から、計画は3期にわたって実施されることになっており、1期（3年間）の予算は、165万8379円、初年度の1886（明治19）年は48万7623円であった。工事は予想以上の進展を見せ、予算額の増額修正が要請されたが、2期予算の増額は許可されなかった。そのため施工方針の改定が行われ、第1期工事予算をもって計画期間内（明治21年度）の残工事を実施し、鎮守府の開庁をすることにし、造船部、練兵場、堡壁築造、新川掘鑿、下水道などの工事は未着手または中止し、建設中の建造物もできるだけ簡易なものに変更したうえ、軍法会議などの工事を実施するとし、真木建設委員長より西郷海軍大臣にあてに伺いを立て、認可された。様々な変更があったため、呉鎮守府工事の決算額については複雑だが、最終支出額合計は156万3305円（「千田論文」）となっている。

これら1期の工事の竣工期限とされた1890（明治22）年3月31日までに完成した建造群は、軍港司令部から病院や監獄にまでわたる。

労働状況について見てみよう。機械力に乏しい当時の工事は人力に頼ることが多く、山を削る火薬とツルハシ・もっこと大八車が中心で、工事の進捗状況は、労働者の数や熟練度に負う点が多かった。土木建築技術にすぐれた技術集団を抱えておくことが重要で、藤田組、および大倉組商会には、そういった技術者がいて、それとは別に多くの出稼ぎ労働者が働いた。呉の場合は、当初「人夫70～80人くらいにて工事捗《はかど》らざる」状況であった。藤田組は、大阪兵庫や山陽道の熟練労働者を多く集めた。9月になると1500名が東京から呼ばれていて、最初の5週間は1日当たり138名だったものが、その後ピーク時には、地元広島県の農閑期を利用した出稼ぎ農民を含めて1日1万8000から1万9000の労働者が集まり、工事が進捗するようになった。建設委員直接雇用と請負人雇用の2形態があり、職工は直接雇用が多く、人夫は請負人雇用が多かった。

賃金については、1887（明治20）年2月6日の「呉佐世保実況視察の件」では、「呉の方は人夫の賃金平均15～18銭のあいだ」と書かれているが、その後次第に減らされていき、現金がもらえずコメによって支払われたり、不払いとなるケースも見られたと伝えられる。また工事は危険を伴うもので、工事開始より9月3日までに死者54名を出している。

呉鎮守府と佐世保鎮守府は、当初1889（明治22）年4月1日をもって開庁することになっていたが、迷走を続け、「海軍省告示第8号」において7月1日をもって開庁することが告げられた。

開庁当時、司令長官は海軍中将中牟田倉之助、参謀長は海軍大佐佐藤鎮雄であった。開庁式は、明治天皇の行幸を経て、1890（明治23）年4月20日に挙行されることとなったが、悪天候のため20日に呉湾入港、21日9時に上陸、10時より開庁式が行われた。

呉鎮守府が開庁してからの呉軍港は、明治から昭和にかけて、大きな海軍工廠を持つ海軍基地として、そして現在も自衛隊基地として、また一部米軍基地として使用されており、国と命運を共にしている。太平洋戦争時には、呉市街地が空襲で焼けてもいる。2024年3月、呉の日本製鉄跡地130ヘクタールを防衛省が買収して、新たに防衛拠点を造るという計画が明らかになっている。

もし、基地建設に興味を持たれる読者がいれば、千田武志氏の「呉鎮守府の建設と開庁(Ⅰ)(Ⅱ)」『政治経済史学』第426号、427号　2002年」をぜひ読んでほしいと思う。基地建設について、この論文ほど詳細に研究されたものは他にはなかった。これからの研究の指針となる論文である。

第3節　所沢陸軍飛行場——日本初の飛行場

現在「所沢航空発祥記念館」となっている埼玉県所沢市の所沢飛行場は、1911（明治44）年4月1日に開設された日本初の飛行場である。『日本陸軍のアジア空襲』（竹内康人著）や『増補　軍隊と地域　郷土部隊と民衆意識のゆくえ』（荒川章二著）などの書籍の中で静岡県の浜松基地について調べていたところ（第3章で詳述）、「所沢飛行場より移駐」と書かれた記述がいくつかあり、所沢飛行場の歴史に何かヒントがあるのではないかと思い、2022年8月20日、「所沢航空発祥記念館」を訪ねた。

ライト兄弟の動力飛行が1903（明治36）年に成功し、注目を集めてから6年、1909年7月30日、勅令207号が発令され、日本における最初の公的な航空機研究機関「臨時軍用気球研究会」が設立され、陸海軍大臣の監督下に置かれた。陸軍省工兵師団に本部を置いた。陸海軍の共同に加えて天皇の勅令という制定方法から、明治政府や軍が飛行機をいかに重要視していたかが分かる（図2－13）。

初代会長には長岡外史《ながおかがいし》陸軍中将が任命され、委員に帝国大学教授田中館愛橘《たなかだてあいきつ》理学博士、

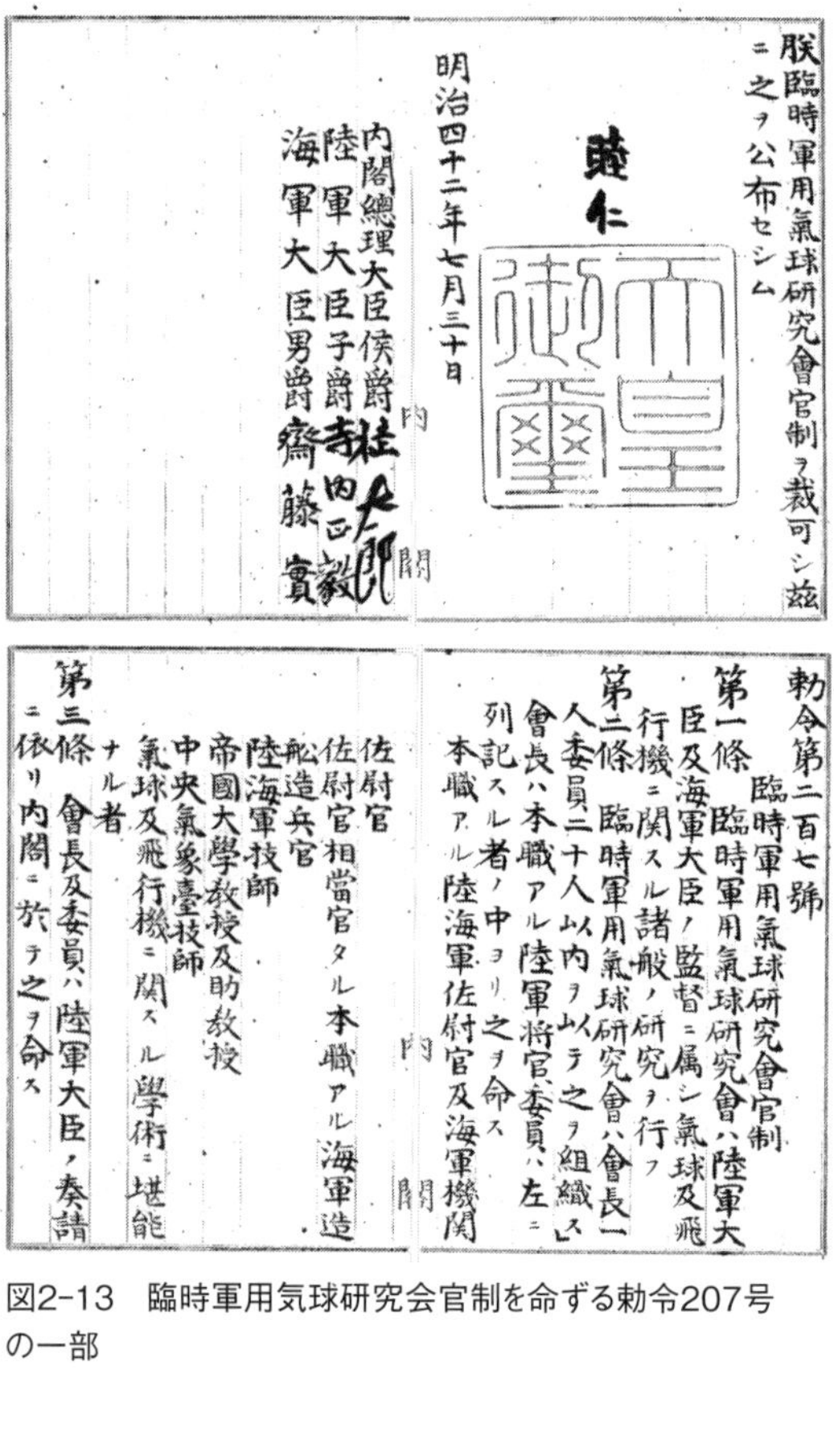
朕臨時軍用氣球研究會官制ヲ裁可シ茲ニ之ヲ公布セシム
睦仁
御璽
明治四十二年七月三十日
内閣總理大臣侯爵桂太郎
陸軍大臣子爵寺内正毅
海軍大臣男爵齋藤實

勅令第二百七號
臨時軍用氣球研究會官制
第一條　臨時軍用氣球研究會ハ陸軍大臣及海軍大臣ノ監督ニ屬シ氣球及飛行機ニ關スル諸般ノ研究ヲ行フ
第二條　臨時軍用氣球研究會ハ會長一人委員二十八人以内ヲ以テ之ヲ組織ス
會長ハ本職アル陸軍將官、委員ハ左ニ列記スル者ノ中ヨリ之ヲ命ス
本職アル陸海軍佐尉官及海軍機關佐尉官
佐尉官相當官タル本職アル海軍造船造兵官
陸海軍技師
帝國大學教授及助教授
中央氣象臺技師
氣球及飛行機ニ關スル學術ニ堪能ナル者
第三條　會長及委員ハ陸軍大臣ノ奏請ニ依リ内閣ニ於テ之ヲ命ス

図2-13　臨時軍用気球研究会官制を命ずる勅令207号の一部

井口在屋《いのくちありや》工学博士、中央気象台技師中村精男《なかむらきよお》理学博士など学識経験者ほか陸海軍武官が任命された。

研究会の目的は「臨時軍用気球研究会ハ軍事ノ要求ニ適スル遊動気球及飛行機ヲ設計試験シ其操縦法及之ニ関スル諸設備ヲ定メ又気球及飛行機ト地上トノ通信法ヲ研究スルヲ目的トス」であった。

臨時軍用気球研究会では飛行機を飛ばす本格的飛行場が必要になり、1909年10月から徳永熊雄《とくながくまお》工兵少佐に、埼玉県所沢、栃木県大田原、宇都宮付近、神奈川県小田原、千葉県下志津原（現佐倉市）の各地の慎重な調査をさせた。その結果、所沢町から松井村（現所沢市）が選ばれた。所沢選定の理由として、1、首都に近い。2、当時、本部を置いていた中野町から便利であることなど、交通が発達している。3、落雷が少ない。4、起伏が少なく平らな地形で飛行に適している。などが挙げられた。また田中館博士をヨーロッパに派遣して、先進諸国の飛行場を視察させた。

所沢町・松井村に選定結果が伝えられたのは1910年3月9日で、所沢町も松井村も飛行場開設を町村の発展の機会として歓迎した。『埼玉新報』明治43年3月18日付に「新設兵営と所沢町」という記事が掲載され「之れ、実に所沢町将来の運命を卜《ぼく》すべき大事なりとて町有力者は密々何事か協議奔走中」であり「所沢附近の地主は何れも前途の発展にも至大の関係あることなれば精々廉価に選定の地所をば売んとの意気込み」であるとしている。

臨時軍用気球研究会は1910年4月15日から8月12日までに23万1000坪（東京ドーム16個分）の宅地（1ヘクタール当り300円）・畑（同100円）・山林・墓地（同80円）を7万6500円で買収した。買収には1部地主らの買収価格への不満もあり、「上申書」が島田埼玉県知事に提出されたが、「事国家ノ重要ナル事業」ということで「却下」され、土地買収が進行した。

10月1日から飛行場の整備が着工された。整地には約3万円がかけられた。ならしと言っても、もともとじゃが芋畑だったところに砂利を敷いてローラーで圧入し、その上をこまかな砂利と土で覆い、再度ローラーで圧入した上に牧草クローバーの種をまいたものである。

付属建物としては、機関庫以外は1911年3月に竣工した。格納庫は建設資金1万4000円、滑走地区の西南端に北面し、鉄骨で建設され、飛行機4台を収容することができた。観測所は、建設資金1万1500円で、3階建て、屋上には風速・風向などの気象観測機器を備え付け、3階には主として気象観測機械を設置し、2階には研究室、機械類置き場、1階は一般事務室、会議室宿直室などであった。他に軽油庫も作られた。機関庫は建設資金5万6500円をかけて、9月に建設された。

どこの建設会社が所沢飛行場建設を請け負ったのかについては、調べても分からなかった。大成建設が航空基地を請け負ったのは、浜松基地が初めてとあるので、工事をしたのは、陸軍工兵隊かと思われる。今後の課題である。

1911年4月1日、臨時軍用気球研究会所沢飛行場が開設された。幅5メートル、長さ400メートルの滑走路と格納庫、気象観測所を備えた飛行場が完成した。臨時軍用気球研究会が所有していた飛行機は、4月5日、徳川好敏大尉らによって所沢での初飛行を記録したフランス製アンリ・ファルマン機とドイツ製ハンス・グラーデ機、1カ月前に到着したばかりのフランス製ブレリオ機とアメリカ製ライト機の4機で、飛行場の施設も簡素なものだった。

この所沢陸軍飛行場で、1914（大正3）年7月28日に勃発した第1次世界大戦時にドイツを攻撃するために臨時航空隊が編成され、9月末から攻撃に参加し、偵察や爆撃に活躍。これが飛行機による最初の実戦となった。

2次工事は、1917（大正6）年から23年にかけて、115・7ヘクタール、畑地・山林を1ヘクタール450円で買収、北部および西部に拡張された（図2－14）。

1919（大正8）年には所沢陸軍飛行学校が開設される。主に飛行機の操縦術と航空機工学の指導が行われ、1937（昭和12）年9月30日に廃止されるまで、多くの操縦者を送り出した。また陸軍航空技術学校、陸軍航空整備学校として、太平洋戦争中も稼働した。

敗戦後は、米軍が接収し、1950年（昭和25年）朝鮮戦争が勃発すると軍車両、兵器の修理・保管などの兵器廠《へいきしょう》となり、1955年からは「在日米陸軍所沢兵器廠」としての役割を果たす。

現在は、跡地の70％が返還され、1993年に「所沢航

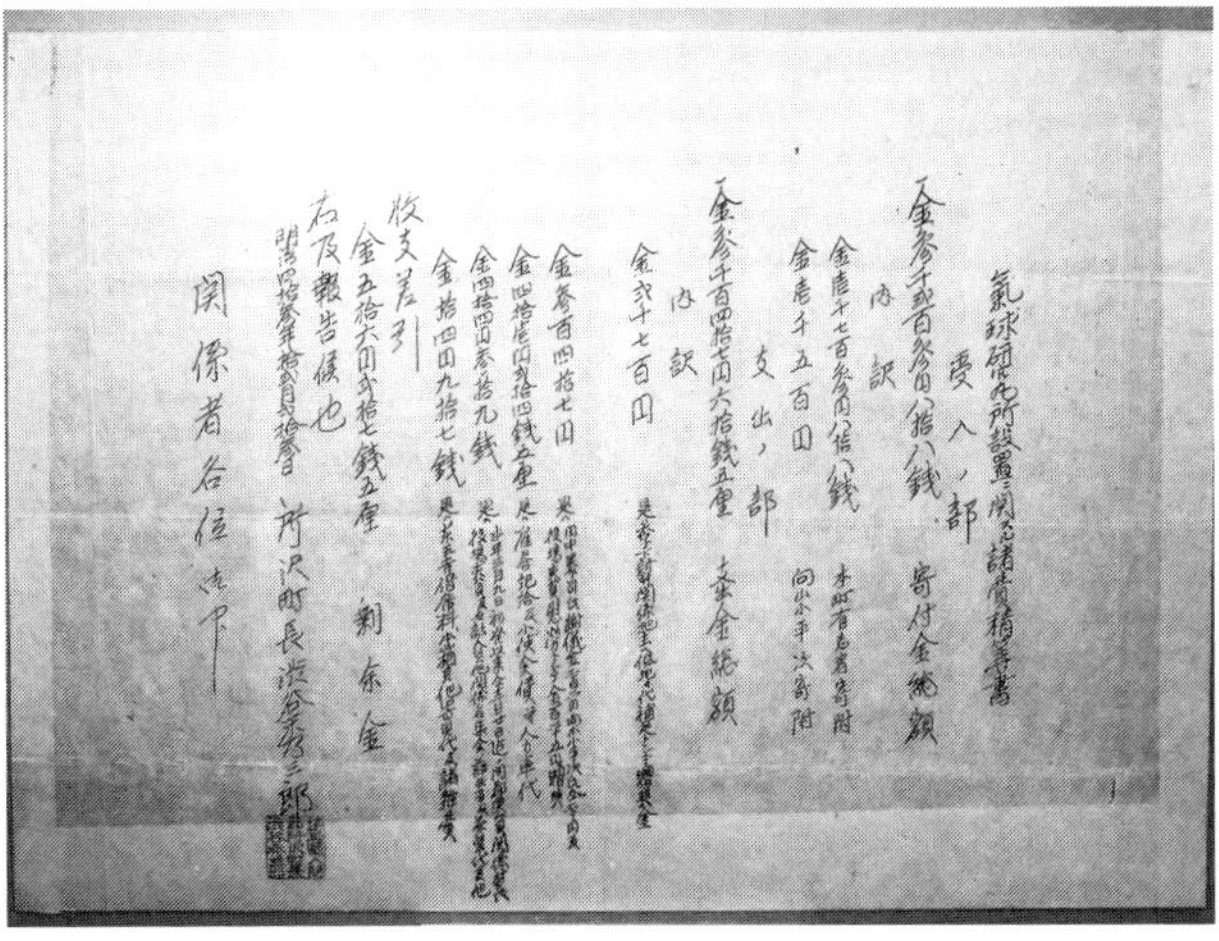
氣球研究所設置ニ関スル諸費精算書
受入ノ部
一金参千弐百参拾参円八拾八銭　寄付金総額
内訳
金壱千七百参拾参円八拾八銭　本町有志者寄附
金壱千五百円　向小平次寄附
支出ノ部
一金参千百四拾壱円六拾銭五厘　支出金総額
内訳
金弐千七百円
金参百四拾七円
金四拾壱円弐拾四銭五厘
金四拾四円参拾九銭
金拾四円九拾七銭
收支差引
金五拾六円弐拾七銭五厘　剰余金
右及報告候也
明治四拾参年拾弐月拾参日　所沢町長
関係者各位

図2-14　飛行場用地を購入した時の領収書（所沢航空発祥記念館）

空発祥記念館」が設立されている。返還されていない跡地には、所沢通信基地として、今でも米空軍が居座っている。

第3章 世界大戦下の基地建設

第1節 浜松市と日本楽器が誘致した浜松基地

◉祖父の「良い暮らし」と軍需工場

本書を執筆するにあたり、最初に訪ねた沖縄以外の基地現地は、静岡県西部の浜松航空自衛隊基地だった。その理由は『空爆の歴史——終わらない大量虐殺』（荒井信一著）という岩波新書のあとがきに「日本陸軍最初の爆撃連隊は、1925年に新設された飛行第七連隊である。長距離を飛んで爆撃できる重爆撃機大隊が含まれていた。連隊が移駐した浜松（静岡県）では、市民をまきこむ誘致運動や、日本楽器など地元企業の働きかけが積極的に行われた。日本楽器は飛行艇のフロートや陸軍機の木製プロペラの製作など必要な軍用資材の生産で事業の拡大を図った」と書かれていたのを見つけたからである。

亡き私の祖父は、日本楽器（現ヤマハ）の技術者で、戦前から浜松に住み、戦争中はプロペラを作っていたと、幼いころから聞いて育った。多くの日本人がそうであったように、私の祖父母も戦争に積極的に関わったのを再確認した瞬間でもあった。さらに、「じいさんが日本楽器の工場長として岩手に工場疎開して、プロペラを作っていた時代が一番良かった」と祖母が語っていたと、同居していた叔父叔母から聞いた。空襲が大規模に展開され始めるまで、戦争中も「良い暮らし」をしていたわけだ。

そして、浜松航空基地を訪ねることにして知ったのが、アジアに展開した「陸軍第七飛行連隊」の加害の事実だった。私を案内してくれた浜松市在住の歴史研究者、竹内康人さんの著書『日本陸軍のアジア空襲　爆撃・毒ガス・ペスト』（社会評論社）が、第七飛行連隊から派生した部隊（1938年より飛行第七戦隊）がアジアの各地域で空爆をし、大量虐殺をしたことについて詳しい。そして、浜松でも基地建設を請け負ったのが、大倉土木株式会社（現大成建設）であった。

2022年4月、竹内さんに案内をお願いして、浜松駅前にある1945年6月18日の浜松大空襲で焼け

図3−01　浜松市戦災被爆者慰霊碑の前で、歌う竹内康人さん

た被爆プラタナスを起点に、艦砲射撃を受けた市内の馬込川にかかる揚子橋、被爆した夢告地蔵、陸軍兵士の墓や慰霊碑をめぐった。浜松城公園にある浜松市戦災被爆者慰霊碑の前では、沖縄のことを歌った自作曲まで披露してくださった（図3－01）。この慰霊碑には戦災死者3549人、戦災重軽傷者4870人、全半壊建物7536戸、全焼家屋2万3303戸、投下弾3081発、焼夷弾7万9553発、艦砲射撃砲弾2000発、飛来した軍機はB29が557機、小型機500機などと記載されていて、軍都浜松への大空襲の規模の大きさが分かる。

◉「御料地」から陸軍航空隊基地へ

そのあと、市街を離れて、浜松航空自衛隊基地のある三方原《みかたはら》に向かった。車で回ると、羽田空港や成田空港を見慣れた私にとっては、さほど大きくなく感じられた。この日、航空自衛隊浜松広報官（エアパーク）は閉まっていて見られなかった。基地の南側にある正門の前で写真を撮って、竹内さんのお手製の地図を見ながら「軍都浜松はいかに拡大してきたか」、戦前の飛行学校に由来して今も航空教育集団があるので訓練機が飛ぶこと、またAWACS（早期警戒管制機）の配備以降の話を聞き、少し冷えてきたところで引き上げることとした。

浜松基地が建設されるにあたっては大正時代も、明治時代同様、その時代背景がある。軍備の中心が、航空機に変容する大きな転換点が、1921（大正10）年11月12日から1922（大正11）年2月6日まで行われたワシントン軍縮会議後のこの時期であった。「軍縮」とは言うものの、実態は軍備の近代化を図り、国民の総力をあげた国家総力戦の時代となったのである。

陸軍航空隊の浜松への設置に至る経緯を見てみる。『増補　軍隊と地域』（荒川章二著）では、第1次世界大戦末期の1918（大正7）3月、陸軍航空隊練習生は、先に造られていた所沢飛行場―浜松間往復飛行を実施したとある。浜松の着陸場は歩兵第67連隊練兵場で、浜松とその周辺地域からの練習飛行参観者は2万人にも及んだそうである。また翌1919年、陸軍はフランスの航空団を招き、3月から8月にかけて射撃、爆撃、機体・発動機の製作、偵察観測などの総合的訓練を行った際、爆撃は三方原で、射撃は浜名湖畔の新居浜《あらいはま》で行われた。この頃から陸軍は宮内庁から三方原御料地を借り受け、訓練場として使っていたのである。

陸軍が三方原を選んだ理由として、第一に周辺に山のない広大なほとんど開拓されていない御料地で、爆撃演習場としての条件を満たしていたこと。また周辺には浜名湖があり爆撃飛行演習に利用できたこと。第二に東京――大阪のほぼ中間点に位置していたこと、これは当時の航空機の性能では東西の中央に着陸場（不時着用）を設置する必要があったことを挙げている。そして最初に述べたように、「日本楽器」が1921年から木製プロペラの生産を請け負っていたことなど、陸軍航空との関係が深かったことにも触れている。しかしこういった点でも愛知県の渥美半島に位置する高師原《たかしはら》は飛行場基地誘致の有力な対抗馬であり、1922年から25年にわたる第二次の軍縮のうちの第一次軍縮期にあたり経費削減が求められる中で、計画はいったん頓挫した。

しかし1923年秋ごろから、三方原地域の行政当局・有力者が飛行場開設を前提とした周辺道路の県道編入による整備を陳情するなど、誘致に向けた地元の動きが現れたようだ。だが、三方原が市有地ではなく御料地内にあることで、浜松市側では決定権があるわけではなく、誘致に動くのは不可能で、一時は渥美半島の伊良湖の可能性が高いとされて、飛行連隊設置場所としても、爆撃場としても外された。

1925（大正14）年5月1日、陸軍は、陸軍最初の航空爆撃部隊、飛行第七連隊を新設する。この年の2月に発令された「陸軍軍備改編計画」は、従来の飛行第一〜第六大隊を連隊に拡充再編し、飛行第七・第八連隊の新設を決定した。飛行第七連隊は陸軍最初の爆撃隊であり、3月に立川で編成を開始、1930年1月までに第一大隊・第二大隊・練習部・材料廠の編成を完成させる計画だった。連隊駐屯地は、3月末に豊橋と発表され、高師原という見方が有力視されていた。

しかし、10月9日発表の陸軍常備団隊配備表変更で、突然浜松設置に変更される。その要因を、前掲『増補　軍隊と地域』で荒川章二氏は、三点を上げている。

第一は、高師原陸軍演習場での、農民と陸軍との賠償金をめぐる紛争である。農業生産力の高かった高師原の農民たちは、それまでの演習による被害の救済と農繁期の演習回避・射撃時間の明示要求とともに、これまでの損害賠償、および今後の補償金支払いを要求した。陸軍が補償金額に難色を示すと、危険区域での農作業を強行するという実力行為に及ぶなど、演習場問題は深刻化した。そんな中で、陸軍はひそかに三方原への飛行連隊移転交渉を進めていたのである。

第二は、三方原御料林を含む静岡県内の御料林の払い下げ交渉が大詰めを迎え、それと並行して静岡県から陸軍への土地転譲交渉が順調に進んだことである。陸軍にとって新たな地主である静岡県との交渉が成立し、買収価格で折り合いがつけば、個別の地主との買収交渉や立ち退き交渉の必要もない。8月8日、宮内省の御料林払下げ内示、払い下げ価格決定を受け、払い下げ分のうち110万坪を陸軍に12万円で転譲する旨の静岡県知事談話が発表された。12日、県、陸軍、浜松市等関係者が爆撃飛行場決定の協議に入った。

第三は、三方原は、農業生産力の高い高師原と違って、周辺農民の開拓要求とさしあたりの矛盾・衝突がなかったことである。三方原は、浜名郡農会が「三方原開拓事業意見書」を出し、その中で開拓が進んでおらず、農業も極めて不安な状況にあることを訴えている。この意見書での灌漑要求面積は、6000町歩のうち2800町歩であり、陸軍用地500町歩の存在は障害ではなかった。また10月19日に連隊の浜松移転が正式決定すると、10月25日、三方原飛行場敷地付近6カ村が、敷地内立ち木払い下げと在郷軍人、青年団による地均《じなら》し工事援助を申し出るなど周辺村当局の対応も好意的であった。

そして飛行連隊を迎える世論対策として「航空思想普及会」の設立がある。所沢 - 浜松往復飛行の際に練習生として参加し、爆撃場選定調査員を務め、日本楽器内にできた「飛行機部」の部長でもあった永淵三郎（予備航空兵）らの発起で、1926（大正15）年2月10日に設立され、浜松市長、郡長、日本楽器社長らが後援したという。日本楽器という民間企業が世話人となって飛行連隊の浜松誘致の中核をなしていたことを類推させる。

◎「大出血工事」を請け負った大倉土木

浜松の基地建設工事は、1926(大正15)年1月、大倉土木が99万6000円で落札し、地均し、兵営・格納庫などの設営に入った。そこでは朝鮮人土工をはじめ最盛時1850人の作業員が動員され、日々数百人の労働者が工事に従事した。

『大成建設社史』には、以下のように記録されている。

(ワシントン軍縮条約後の)そういう軍備、軍略の近代化の中で、もっとも重要な動きは航空機を戦略に組み入れた立体的近代戦の想定であって、この頃から航空機が戦争の主役として登場してくる。

こうした背景の下で、大倉土木は(大正)14年暮、第三師団管下の浜松第七飛行連隊の建設工事を引き受けた。

浜松市外三方原に、新たに飛行連隊の兵舎、飛行場、飛行機格納庫などを新設する工事で、軍当局の要求は翌15年10月1日に、新しく連隊を編成して入隊させるからそれまでに完成させよということだった。

飛行機格納庫のごときは、それまでまったく経験のない工事であったから、担当者も混乱の様子であったが、とにかく15年の1月に起工、9月末に完成して無事引渡した。しかし何分未経験の仕事であった上に、図面や仕様のはっきりしないまま請負うという特殊な事情もあり、その上完成まぎわに大暴風雨に見舞われて、一部やり直しをするなど悪条件が重なり、この工事は当時稀にみる大出血工事となった。記録によると、請負総額144万9400円だったが、これでもなお21万円余りの赤字を出したということである。しかしともかく損失にもめげず所定の工期内に完成して引渡したので、軍当局にはいたく感謝され、完成に際しては陸軍大臣宇垣一成《うがきかずしげ》大佐が臨検、特に賞讃された。

この宇垣一成陸相の臨検というのは、1926（昭和元）年10月16日のことで、初の爆撃連隊にかける陸軍の期待の大きさを示し、10月23日には浜松市と浜名郡町村長会が来賓360人を招いて、飛行連隊将校歓迎会を開いている。

また大倉土木の工事に携わった労働者のうち、朝鮮人は1000人を超えたこともあり、1926年10月時点で、全体で600人のところ200人が朝鮮人だった。浜松に、土建会社の募集で多くの朝鮮人が居住するようになったのは1920年代の初めの頃で、また基地建設工事がすすめられた1926年に朝鮮人団体の「相愛会静岡県本部」が浜松市に結成され、市内に職業斡旋所、無料宿泊所を作ったが、労働争議、労働運動には敵対し弾圧する側であったという（『調査・朝鮮人強制労働③発電工事・軍事基地編』竹内康人著）。また1930年代後半の軍事基地拡張・排水工事にも朝鮮人が動員された。

この浜松に設置された飛行第七連隊は満洲に派兵侵略を続け、陸軍航空爆撃隊は中国各地を爆撃した。またシンガポール・ビルマなどでも爆撃を行った。詳細な記録が前述の『日本陸軍のアジア空襲　爆撃・毒ガス・ペスト』に書かれている。

また飛行第七連隊の設置時期と、第1次世界大戦で使用された毒ガス戦の実戦に向けての研究の開始時期が重なり、陸軍は1920年代後半、ホスゲンやイペリットという毒ガスの野外実験を繰り返している。新設された飛行第七連隊は毒ガスを航空機で使用することを任務のひとつとした。

そして1933年8月浜松陸軍飛行学校が設立された。飛行第七連隊の練習部が独立したもので、爆撃教育を主な任務とした。航空毒ガス戦の研究も行い、航空機による爆弾投下と撒布の開発・研究・訓練を行った。1942年化学戦教導隊が置かれた後、三方原教導飛行団として独立した。

1944年6月、浜松陸軍飛行学校は実戦部隊に再編され浜松教導飛行師団となり、この師団から陸軍航空最初の「特攻」部隊が編成された。1944～45年のフィリピン奪回を目指す連合国軍と、防衛する日本軍との間で行われたフィリピン戦に陸軍は210機を特攻に投入し、251名の搭乗員を失った。

敗戦後1945年8月には浜名湖などに毒ガスを廃棄、のちに毒ガス缶が浮上し農民が死亡する事件なども起きている。浜松飛行場はのちにアメリカ空軍不時着飛行場として使われ、1952年10月15日からは保安隊の浜松駐屯地として使われ、現在は航空自衛隊浜松基地として使われている。

第2節 陸軍軍建協力会・海軍施設協力会の設立と海外進出

大成建設などと並んでスーパーゼネコンのひとつに数えられる大林組の『大林組百年史』には戦時下の軍需について次のような記述がある。

「戦争は限りない破壊行為であるとともに、一面では限りない建設、生産力拡充を必要とする。したがって建設業界には極限までの協力が求められ、業界もまたこれに応えた。中国大陸、南方占領地における軍用諸施設、軍需工場の建設に挺身し、そのために犠牲となった者は当社も含めて少なくない。

日本内地においても事情は同じで、軍需工場、飛行場、大規模地下壕をはじめ軍施設の建設に繁忙であった。

軍ではこうした事態を予測し、1940（昭和15）年秋、陸軍省出入りの業者を集めて軍建協力会設立を言い渡し、1941年2月に同会は結成された。海軍工事に関しても1942年3月、海軍施設協力会が設立され、両協力会は軍発注施設工事の配分はもとより、統制物資の配給権までいっさいの強力な権限をもっていた」（著者注　年号は西暦に修正した）

1940（昭和15）年10月、陸軍が建設業者11名を軍人会館に集めて、翌年2月結成させた軍建協力会の会長には、清水組の常任監査役の清水揚之助が就任し、以下のような趣旨書が発表された。

軍建協力会の結成の趣旨

第一　軍建協力会の結成の趣旨

高度国防国家建設の一翼を占める陸軍工事の実施に対し皇道翼賛《こうどうよくさん》の趣旨に則り内地に於ける有

力請負業者を糾合し軍建協力会を結成す
第二　軍建協力会の性質
一、本会は軍の協力機関とし軍と業者との緊密なる連絡を保持すると共に軍工事完遂のため会員各個の保有する能力を総合強化しその主力を挙げて工事の実施に当たるものとす
二、本会の結成強化及び運営の円滑を期するため所用に応じ業者側幹部その他に軍嘱託を委嘱するとともに軍はこれを指導監督す
第三　軍建協力会の構成
一、本会は本部支部および班より成る、本部は会の中枢機関として軍中央部と連繫《れんけい》し本会の趣旨達成のため必要なる企画及び会員の統制指導を司る
支部及び班は各地区にありて軍建築担任機関と連繫し直接本会事業の実行を担任す
支部は航空本部及び軍に又班は航空本部、軍、師団及び飛行集団に置く
二、本会会員は主として資力信用を確実にして陸軍工事の実施の経験を有し且その成績優秀なるものを以って充て本会の発達に従い逐次その範囲の拡大を図る
三、本部にはその事務を管掌するため会長、副会長及び幹事を置く
四、(省略)
五、本部、支部、班と軍側との間におのおの協議会を設く
第四　軍と軍建協力会との業務分野

軍建協力会は軍工事に総力を挙げて協力することを建前とし、左記事項は軍に自主的決定権を留保するものとす

一、請負業者の選定
二、工事単価の決定
三、設計の決定
四、資材、官配給の範囲決定
五、支払方法の決定

（『軍建協力会会報第一巻第一号』旧字を現代漢字に、カタカナをひらがなに改めた）（図3－02）

こうして設立された軍建協力会が行った工事は、主として1942（昭和17）年以後の南方占領地建設であった。

大林組はオランダ領インドネシアのバタビヤ（ジャカルタ）と昭南島（シンガポール）に出張所をおき、工事はワナラジヤ硫黄鉱山の精製工場や鉄道の建設、スラバヤ、バタビヤの各飛行場と兵舎、バンドン近郊の高射砲陣地、兵舎などの建設が主たるものであった。またスマトラでもパカンバルとハヤクンブ間の鉄道および油送管工事に従事した。フィリピンではネグロス島の飛行場建設を命ぜられ、現地雇用のフィリピン人を使用して、ファブリカ、サラビア、タンザ、シライ、マナプラに飛行場を建設した。

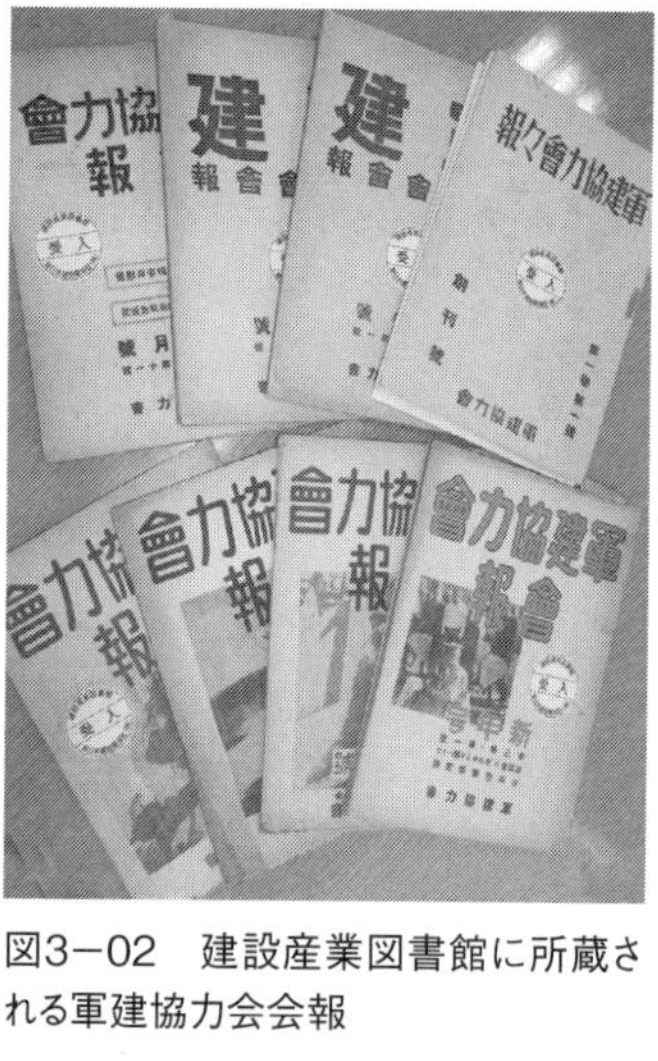

図3－02　建設産業図書館に所蔵される軍建協力会会報

大倉土木もシンガポール・セベレス（スラウェシ）・ボルネオ（カリマンタン）に営業所を置き、ここを足かがりとして多数の社員が軍関係の工事に携わった。

鹿島組も同時期、シンガポールに昭南出張所を設け、軍工事を施工し、泰緬《たいめん》（タイ〜ビルマ間）鉄道、スマトラ横断鉄道などを建設した。

⊙激戦で戦没した〈社員〉たち

また戦局が苛烈を極め始める中、軍建協力会会報には、1943年（昭和18年）年5月中旬から下旬にかけて、将兵と共にアッツ島で玉砕した軍属の建設業者要員の慰霊についての記事が掲載されている。当時の建設業会の雰囲気をよく伝えている。

アッツ島戦没要員慰霊

英霊ついに北漠の孤島アッツより帰る！

ベーリング海の寒波の打ち寄せるアッツの島に執拗な敵と闘うこと一年、ついに圧倒的な爆撃と艦砲の猛射《もうしゃ》のなかに、一人残らず散華した勇士は、いまや遺骨もなく英魂のみがここに還ってきたのである。

（中略）

ああ！この古今未曽有《みぞう》の軍神部隊のうちにわが軍建協力会大林組以下六社に属する一九柱の軍

属英霊が交じっているのである。
陣中の建設工事に身を挺し、北方第一線の戦備強化を掩護《えんご》し、主力部隊をしてよく大軍に抗しうるよう努力した人々である。戦一旦利あらずと知るや、山崎部隊長を先頭に一団の鉄火となって敵陣深く突入し、孤島の雪を鮮血で彩った人々である。身はたとえ北海不毛の地に砕け散るとも、将兵と等しく光芒は燐として青史《せいし》に不朽の武勲を止むるものである。

（中略）

しかし幽明境をことにすとはいえ、建設工事に邁進した忠魂の宿敵撃砕の念は消えたのではない。業界にある吾々はこの際いたづらな悲しみの涙に狂うことなくこの悲しみをのりこえて「撃ちてし止まぬ」の覚悟と決意を新たにし、各々の職域に於て建設工事に挺身することこそ、比類なきこの軍神の魂に応える唯一の道であると信ずる。

アッツ島の勇士に続け！

（『軍建協力会会報　第二巻第一一号』）

1944年になると、会長の清水揚之助が、以下のような年頭の辞を軍建協力会会報に載せている。

施設は兵器である

ガダルカナル島の転進（戦時中、敗退することを転進と言った）以来、太平洋戦局は全域にわたって頓《とみ》に重大化し、相次ぐ赫々《かくかく》たる戦果に交錯してアッツ、タラワ、マキン三島玉砕悲報伝えられ、頑敵破摧《がんてきはさい》の一念に燃ゆる全国民の士気をいよいよ興起しつつ昭和一八年は暮れた。

新しき決戦の年を迎うるに当り、我らはこの重大戦局を恐るることなく直視し、不撓不屈《ふとうふくつ》の大勇猛心を振い起こして断乎《だんこ》敵反攻の野望を撃砕すべきである。然しながら斯くのごとき苛烈なる戦局の様相に直面し、翻ってこれに即応すべき全業界の建設能力を反省するとき、吾らは今日の状態を以って果たして十分なりやと自問せざるを得ないのである。

陸海軍直接の施設はもとより、国内の戦力増強施設いよいよ重大化しつつある他面、大東亜共栄圏全域の開発及び作戦的建設はことごとく吾らの手に委ねられている、しかもこれに対応せんとする業界の設備能力は今日すでに一定の限界点に到達していることを認めざるを得ない、現在本協力会及び社団法人海軍施設協力会会長として戦局の現段階における建設事業の動向を比較的全体に亘って展望しうる立場にある自分としては、この点特に焦燥に耐えないのである。

（中略）然し乍ら、事態は一刻の猶予も許されない、この重大なる建設量を如何に渋滞なく消化し、以って刻下緊急焦眉の課題に直面するとき、吾らは一切の障害を破砕して自ら進んで戦闘配置態勢を確立し、決戦段階に即応するの覚悟を事実として示すことこそ唯一無二の道であらねばならない、かくて政府当局の明察にして、よく事業の重要性を確認するは火を見るより明らかである。

既に施設は兵器と化しつつある、それは敵に決定的打撃を打ち降ろす一切の武器の兵站基地であり、進撃のための地盤である、施設なくして如何なる戦略も成り立ち得ず、もとより赫々たる戦果を期し得られない、まさに施設は兵器であり、作戦の重要なる一環である。（中略）凄愴《せいそう》苛烈なる戦局に対処して、必死の増産に邁進しつつある航空機生産者が、企業としての安定性を一切無視して、ただ拡張増産に挺身しつつある事実を、わが業界でも身をもって学ぶべきであろう。敵反攻下南溟の海に朔北の野に決戦につぐ決戦を以てする刻下戦局の一刻一秒は、まさに凄烈なる激闘の連続である。

国内全分野に亘って、挙国戦闘配置が断行されつつある今日、斯くしてわが土木建築業界の進むべき道は、何よりもまず企業会社としての安定性に藉口《しゃこう》する利潤への執着を断乎断ち切り、然して一刻の遅滞なく戦局の要請する作戦単位へと前進することにあらねばならない。

年頭に立ちて今ぞ思えマキン、タラワに於いて三千の将兵と共に玉砕せる一五〇〇の軍属の英霊を。

（『軍建協力会会報第三巻第一号』）

こういった呼びかけに対し、「協力者の声」の欄では、建設労働者の声も掲載されている。

協力令書を享《う》けて

去る日、この度の協力令書を受け取ったとき、私は体内の血が躍動しました。皇紀かがやけるこの聖代に生を享けた自分の光栄は何とも言い表しようがなく、ただ感慨無量でした。日本男児と生れ、世界の強国と自惚《うぬぼ》れている英米相手に食うか食われるかの一大決戦を演じているとき、銃後の吾々この重要施設に協力すべき令書を享ける身はなんという光栄であろう。本日午後二時、作業の部隊長殿の命令に『君等の打振る一鍬一鍬をにっくき米英を打ち壊す気持ちで頑張ってくれ』と申された。ほんとにそうだ。之までの自分たちの奮闘には未だしの感がある。そうだ！只今からは、益々ふん張ろう！

荒鷲を飛び立たせよう

自分達が協力会員として此の飛行場に奉仕できることを無上の光栄と存じ喜びに堪えません。毎日打振るこの鍬、このスコップが、一つ一つ直接米英撃滅の力となることを考えると、血湧き肉おどる想いが致します。空襲は必至です。ゆえに部隊長の訓旨の通り、吾々の責務は重いのです。一刻も早くこの基地を完成して陸の荒鷲をこの××谷から飛び立たせようと努力に余念がありません。

（『軍建協力会会報　第三巻第三号』）

⊙国家に統合された〈会社〉

その後、建設業界は、日本土木建築統制組合による工事管理を行ったが、陸海軍の協力会は依然としてその外にあり、統制の趣旨である発注、施工の一元化は望むべくもなかった。そこで1943（昭和18）年に設置された軍需省は、業界の決戦体制確立のため、1945（昭和20）年1月、田辺信（大林組）、熊谷太三郎（熊谷組）、林栄（鴻池組）、松村雄吉（松村組）の4名を招き、三日三晩にわたる対策協議会を開いた。

その結果生まれたのが国家総動員法にもとづく戦時建設団で、3月23日閣議において「戦時建設機構確立に関する件」が決定され、27日勅令による「戦時建設団令」が公布された。これによって陸海軍の協力会は解散し、国家総動員法第18条に準拠する国有民営ともいうべき「戦時建設団」が成立した。構成員である業者は、北海道・東北・関東甲信越・東海・近畿・中国・四国・九州の8分団が設置され、その会社名を捨てて会社混合の班として組織された。軍命令を遂行した。しかし、戦時末期の設立であり、実際に機能することなく終戦を迎えた。

第3節 松代大本営建設と西松組・鹿島組

◎「神州」に通じるから「信州」に設置

長野市の山あいに置かれた松代《まつしろ》大本営については、どのぐらい知られているだろうか。大本営とは、戦前の戦時または事変に際しての最高統帥《とうすい》機関（天皇の本営）である。明治時代以降、戦争が起こるたびに設置された。

地下壕である松代大本営は厳密に言えば軍事基地ではないかもしれないが、2023年11月に機会あって横浜市日吉の慶応義塾大学日吉キャンパス地下に掘られた旧日本軍連合艦隊司令部地下壕を見学に行って以来、松代の地下壕のこともたびたび思い出していた。

松代大本営のことを最初に聞いたのは、2005年「東京大空襲60年展」のスタッフとして準備作業をしていたころである。米軍機による大空襲で民衆が苦しむ中、天皇をはじめとする皇族や政府中枢、軍司令部が「本土決戦」を目の前にして長野の山の中に避難するという話にとても驚いた。

一度訪ねてみたいと思っていたのだが、実際に訪ねたのはコロナ禍の2020年12月、菅義偉《すがよしひで》元首相が推し進めた「GO TOキャンペーン」で松代に滞在する町巡りのフリーツアーを見つけたときだった。松代町は清野《きよの》村、西条《にしじょう》村、豊栄《とよさか》村、東条《ひがしじょう》村などが合併してできた町で、今は長野市になっている。私が訪ねた時には、松代大本営と言われる象山《ぞうざん》・舞鶴山《まいづるざん》・皆神山《みなかみやま》の三つの地下壕のうち象山地下壕のみが見学可能だった。千曲川にほど近いホテルから、江戸時代初期から続く真田家十万石の城下（築城したのは戦国時代の武田信玄である）、今でも美しい松代の町を歩いて象山地下壕に向かい、管理事務所でヘルメットを借りて地下壕に入った。総延長5854メートルのうち、500メートルが公開されている。多くの朝鮮人強制労働者たちが危険を冒してダイナマイトで発破《はっぱ》し

図3−03　松代大本営構内

たごつごつの岩肌に、壁面や天井が壊れないように支柱が施されている（3－03写真）。電灯も整備されていた。結局、松代大本営は、日本が降伏したため、未完成のまま使われることはなかった。入り口には「朝鮮人犠牲者追悼平和祈念碑」が建てられ、ささやかに花が手向けられていた。

松代大本営移転は、太平洋戦争中の1943（昭和18）年9月に大本営の設定した「絶対国防圏」が危機に陥り、1944年初旬、日本軍が劣勢におかれ、日本本土への空襲が激しくなる頃、「本土決戦」を主張していた大本営陸軍省参謀の井田正孝少佐から富永恭次陸軍次官に進言したことに始まる。井田少佐らは5月、本州の真ん中の「神州」に通ずる「信州」あたりに適地を探すよう命じられ、長野県内をいろいろ視察して回ったあと、松代付近を候補地として報告、七月から設計を進め、大本営・仮皇居・政府の一部や日本放送協会など通信施設を収容する案が東条英機陸相（首相）によって許可された。7月から8月、サイパン島などマリアナ諸島が占領され、緊急に大本営を移せる地下施設を造る必要があり、小磯国昭内閣の杉本元《はじめ》陸相が10月4日建設命令（9月23日に内命が出ていたという証言もある）を出した。松代の「マ」をとって「マ（一〇・四）」工事と呼ばれ、11月11日に最初の発破がかけられた。

松代が選ばれた理由として、『松代大本営　歴史の証言』（青木孝寿著・新日本出版社）では以下が挙げられている。

一、戦略的に東京から離れていて本州の最も幅の広い地帯、信州にあり、大本営の地下施設の近くに飛行場がある。

二、地質的に硬い岩盤で抗弾力に富み、地下壕に適する。
三、山に囲まれた松代盆地にあり、工事に都合の良い広さの低地があり、また、地下施設を建設するだけの面積が確保できる。
四、施工面からみると、長野県はまだ比較的労働力が潤沢である。
五、信州は人情が純朴で、天皇を移動させるにふさわしい風格、品位があり、信州は神州に通じる。

一から四は客観的な理由で、五は追いつめられてきた軍部の精神主義の一端を示すものだったといえる。設計に携わったのは、陸軍の鎌田隆男建技中佐と伊藤節三建技少佐で、ふたりとも東京帝国大学工学部建築学科の出身で、先輩・後輩の関係である。のちに「大本営」工事主任となった吉田栄一建技大尉も彼らの後輩にあたる。鎌田中佐が多忙になり、伊藤少佐が設計に専念した。東条陸相から一度やり直しを命じられたが、東条陸相が7月22日に総辞職する直前の7月18日に伊藤少佐の設計案が決定された。イ地区（象山地下壕）は清野村・西条村に、その飯場は清野村に、ロ地区（舞鶴山地下壕）は西条村に、飯場は西条村と豊栄村に、ハ地区（皆神山地下壕）は豊栄村と東条村に、飯場は豊栄村に造られた。この村々はもともと養蚕を主体とする村々だった。工事は当時「松代倉庫」と公称されて、大本営工事であることは「極秘」とされた。

この工事を担当したのは加藤幸夫建技少佐で、東部軍管区経理部松代地下建設隊長として工事を遂行した。9月、現地の予備調査をした加藤少佐たちは、朝鮮人2000人を富山から送るという連絡を受け、作業にあたり労働者の仮設宿舎（飯場）を建設するため土地の買収を始めた。埴科《はにしな》郡西条村役場に出向き、土地台帳を閲覧したうえで、土地所有者を集めるように土地税務係に要請した。10月4日、約百人の地主が学校に集められ「軍事施設をつくるため田畑山林などを買い上げたいから協力して貰い度《た》い」という一方的な通告があった。このとき割り切れない気持ちになった者もいたが、軍に協力することは名誉と心得る人も多く、すぐに決まったという。土地買収は関係町村ごとに実施され、清野村では10月20日付には土地買収が万事解決したという謝状が出された。12月1日付で買収の支払いが完了した。買収金額がいくらだったか詳細は分からない。

◎現在のゼネコンが請け負った工事

松代大本営の建設は、まず運輸通信省松代建設隊長で技師の河野康雄と特設作業中隊二個中隊がともに建設に携わった。特設作業隊は中隊長のもとで技手・雇員らが指導監督し、大工・鳶《とび》・左官・電工などの技術者80名で編成された職人集団である。そして労務報国会員や地元の消防団員らも合わせて一日平均300人が動員された。

陸軍の指令によって、トンネル工事の具体的な工事である「マ（一〇・四）工事」は西松組（現 西松建設）が請け負っている。『西松建設創業百年史』には、年表に松代工事を請け負ったとのみ記載されている。また1945年になると御座所《ござしょ》などの仮皇居工事「マ（三・二三）工事」を鹿島組《かじま》（現 鹿島建設）が請け負った。当時、大手建設会社で鉄道工事をしている企業が集まり、国策統制会社「鉄道建設工業会社」が出来ていて、社長が鹿島組、副社長が西松組・間組（現 安藤ハザマ）から出ていたが、松代地下壕建設本部がこの会社に協力命令を出し、この二社に割当てたのである。

西松組は、矢野亨を隊長、村井平一郎を副隊長とし、職員・親分130人、岩手のダム工事に使っていた朝鮮人労働者約500人とその家族を編成して松代に来た。西松組は東海道本線の丹那トンネル（熱海～函南間）建設の経験があった。

最初の発破は舞鶴山の大本営予定地で行われ、「いい月、いい日、いい時」のごろ合わせで、11月11日11時に地域一帯が割れるほどの大発破をかけたという。ここにも精神力頼みの姿が垣間見えるが、それ以前に小発破を用いていたようだ。この時代の掘削方法は、人力に頼る工法で「人海作戦」だった。できるだけ早期に仕上げるために大量の労働力を投入し、昼夜二交代もしくは三交代で行われた。労働者は班ごとに編成され、象山では20本の本坑をそれぞれの班が担当して、一斉に掘削をする。会議室や事務室となる本坑、本坑を横に結ぶ連絡坑、壕外に落ちた爆弾の爆風が壕内を抜けていくように造られた爆風壕、本坑掘削のために導入して後に埋めてしまう捨導坑の4つがあった。標準断面は、底長4メートル、頂高2.7メートル、肩高2メートルで、本坑の一本一本の間隔は20メートル、連絡坑は50メートルごとの碁盤目に設計されていた（図3-04）。

この頃、工事用の機械は削岩機とそれに動力を与えるコンプレッサーだけだった。この工事のために専用変電所が作られ、3万5000ボルトの高圧線が工事の初期に引き込まれた。足下を照らすために、労働者はアセチレンガスのカンテラを使った。

1944（昭和19）年7月に成立した小磯国昭内閣は、1945年に入ると切迫した戦況の中で「本土決戦」の方針を出し、「帝国陸海軍作戦計画」計画が決定される。そして松代への仮皇居建設「マ（三・二三）工事」（（三・二三）も工事命令の出された日）が具体化する。米軍の空襲で皇居が焼けた5月25日のあとの7月末には天皇が松代行きを決意し、「国体の護持」天皇制の死守を考えた。

松代大本営の建設で村民が被った被害に強制立退きがあった。西条村入組《いりぐみ》・筒井組《つついぐみ》などは、「マ（三・二三）工事」で始まることになった舞鶴山南の天皇御座所に最も近い集落で、軍部は警備上・諜報上、存続は不都合だと考えた。4月3日宮沢修照村長が大坪保雄長野県知事より内命をうけ、4月6日東部軍の加藤建技少佐ら、大坪知事の命を受けた県職員が来村して、「本土決戦の迫った非常体制下の必要から軍施設をつくる」と告げ、西条村入組、筒井組全部落と六鹿《ろっか》組の一部、計109戸、124世帯、600人余りが立退きを余儀なくされたのである。「マ（三・二三）工事」の工事主任となったのは、東部軍経理部

図3−04　碁盤目状にトンネルが掘られた松代大本営
「歴史の証言」より）

の吉田栄一建技大尉で、隊長加藤幸夫建技少佐の下で補佐として、技手や学生らと3月下旬に松代に乗り込んだ。途中で長野地区施設隊を編成し、スタッフは隊長他工事班・庶務班・経営班43名、二作業中隊計153名、総勢197名となった。さらに4月には自動車部隊、5月には満洲から野戦建築隊が入ってきた。軍の長野施設隊もこれに地元の労務報国会の労働者や国民義勇隊などを配属し、学徒勤労動員や中等学校生徒の動員もあった。

このときの工事概要は『松代大本営　歴史の証言』の「吉田栄一回顧」によれば

一、仮皇居（御座所）の地上施設

半地下（覆土式）鉄筋コンクリート造り平屋建

・Ｉ号舎（天皇の部屋）　457・01平方メートル

・Ⅱ号舎（皇后の部屋）　731・60平方メートル

・Ｖ号舎（宮内省）　549・60平方メートル

・連絡階段室　31・50平方メートル

計　1769・71平方メートル

二、天皇・皇后専用の地下壕と内部木造施設

・Ⅲ号舎（地下御殿）　260平方メートル

三、口号倉庫と大本営が使用するための内部仕上げ

・Ⅵ号舎（大本営事務室・会議室）　3452平方メートル

倉庫の南寄り約４割の面積を、大小70数室に間仕切り、事務室・会議室に利用

四、立退き民家のうち口号倉庫の南と西側に近接する二棟の改造

・Ⅳ号舎（木造御座所）

模様替増築　757・36平方メートル

４月末までに天皇が動座しなければならぬ緊急事態に対処するための急造の木造り行在所で、

工期は４月末

・Ⅷ号舎（厨房）

模様替増築　184平方メートル

厨房として利用

五、その他

・Ⅹ号舎　98・74平方メートル

Ⅲ号舎とⅥ号舎を連絡する外部階段家

・ポンプ室　49平方メートル

半地下鉄筋コンクリート造り平屋建

・貯水池　388平方メートル

地下コンクリート造り

これらのうち鹿島組が請け負ったのは、仮皇居の地上施設Ⅰ、Ⅱ、ⅣおよびⅤ号舎の建設と地下施設Ⅲ号舎の掘削と仕上げ、ポンプ室だった。鹿島組は松代作業所を新設して、理事玉野治助を所長に、参事千秋清三副所長のもと、十数名の社員と朝鮮人労働者約１８０名を配置して施工にあたった。１９６６（昭和44）年に鹿島出版会編集局によって出版された『鹿島建設　英一番館から超高層ビルまで』では、ごく簡単に松代大本営のことが触れられている。「鹿島組は主として御座所関係の地上建設および地下壕の仕上工事を担当、特命により（傍点筆者）昭和20年4月に着工し、終戦時には約九割の進捗をみていた」とある。

鹿島組の成り立ちを振り返っておく。１８４０（天保11）年、大工修行のあと鹿島岩吉が構えた「大岩」を基礎とし、１８８０（明治13）年、鹿島岩蔵によって「鹿島組」として創業した。そして「鉄道の鹿島」と称して鉄道工事を専門にした土木請負業として進展する。アジア太平洋戦争中は、もともと外交官だった永富守之助が鹿島精一に請われて長女卯女《うめ》の婿養子に入り、社長（在任１９３８～１９５７年）となる。鹿島守之助は「鹿島中興の祖」とも言われるようになり、またパン・アジアをうたい大政翼賛会調査局長として翼賛体制にも加担する。戦後は公職追放となるが、追放解除後、念願だった政治家となる。

１９４５年5月以降、陸軍をはじめとした幹部の視察が増える。通信隊司令官佐々木省三少将、6月には東部軍管区司令官田中静壱大将、第一総軍司令官杉山元元帥、小倉康次侍従や加藤進宮内省総務局長と井田正孝中佐、そして陸軍大臣阿南惟幾大将などである。

侍従や宮内省職員の視察は、5月25日の夜半の山の手空襲の際の延焼（焼夷弾が直撃したのではないかという証言もある）で、皇居正殿が炎上したことを受けてだったという。「宮城が長野に引っ越す話」が宮内省の女官のあいだで「一種のウワサ話」として広まっており、石渡荘太郎宮内大臣が天皇に話すと、「人をやって現地を調べてきたらよかろう」と言ったそうだ。

⊙「純粋の日本人」による掘削と強制連行

このとき「賢所《かしこどころ》」（三種の神器の一つであり、天照大神の御霊代（神体）とする八咫鏡《やたのかがみ》を祀る場所）の問題が出てくる。天皇の正統性を示すものであり、松代に移動しなくてはならないものだったが、これについては陸軍の建築家も松代の現場でも知る人はいなかった。宮内庁の考え方は、天皇は生身の人間であって万一のことがあっても、「絶対主義的天皇制」の行為のシンボル三種の神器は不可侵なものであった。賢所は天皇の御座所と一緒であってはならず、その掘削には純粋の日本人の手によらねばならない。そして賢所は天皇の御座所と伊勢皇大神宮を結ぶ線上に南面しなければならないというのである。また「純粋の日本人の手によらねばならない」というのは、「神国日本」の三種の神器を祀る賢所は朝鮮人にはやらせないという、偏狭な超国家主義、国粋主義、国体護持、そして朝鮮人蔑視の露骨な思想が露わになったと青木孝寿氏は書いている。さらに「純粋の」とは大人ではない「無垢な」未婚の男性を指したそうだ。結果、地下壕Ⅲ号舎から西に500メートルほどの弘法山の設置を中腹に決め、日本古代神社本殿形式の木造白木造りで作ることにした。掘削要員は、以前から来ていた熱海の地下建設隊所属鉄道教習所の17歳、18歳の少年と鉄道教習所の少年隊を増員して建設された。発破の際にはなかった起工式も行われた。

労働者の話に戻ろう。建設に関わった労働力総数は、推論に立った数字で「一日一万人」「延べおよそ三〇〇万人」と言われる。戦争末期の当時、日本国内には20代の健康な男子は徴兵にとられてほとんどいなかったため、朝鮮から「強制連行」されてきたのだ。

最終的に約7000人（西松組で3500人、鹿島組で3000人その他500人ほど）といわれる「朝鮮人労働者」については、『松代大本営　歴史の証言』にも『「松代大本営」の真実』（日垣隆著）にも詳しく書かれている。すでに建設会社の募集に応じて「自主渡航」していた労働者と朝鮮総督府から「徴用」され「強制連行」されてきた朝鮮人があった。自主渡航組は、日本各地での工事経験もあった。強制連行された朝鮮人は1944年11月ごろには富山から2000人送りこまれてきた。

風呂もない粗末な飯場で、十分な衣食住も与えられず、空腹と栄養失調に苦しんだ。発破などの最も危険な掘削の切羽部分は熟練した朝鮮人労働者が従事した。日本人は三交代で休憩時間も確保されたが、朝鮮人労働者は二交代で休みも現場監督の裁量だった。賃金は相応な金額が払われたというが、途中でいくつものピンハネもあった。また賃金を使うところがないため貯金するほかない。言動を厳しく監視され、特に「徴用」で強制連行されたまだ若い労働者たちが逃亡しないように、相互に監視するようにもなった。坑内の事故だけでなくリンチや拷問もあった。亡くなった犠牲者の数はまだ不明（「象山だけで500〜600人、松代全体では1000人に達したのでは」とする証言がある）である。

この頃（1945年6月30日）、鹿島組では、鹿島守之助社長のもと、秋田県の花岡（現秋田県大館市）の現場で、過酷な労働や虐待による死者の続出に耐えかねた中国人俘虜《ふりょ》など強制労働者986人による蜂起・逃亡事件「花岡事件」も起こっている。

⊙記録に残された松代工事

敗戦直後、8月16日には「マ（三・二三）工事」の工事中止命令が出される。イ号倉庫（象山地下壕、政府・日本放送協会）は出来高80％、ロ号倉庫（舞鶴山地下壕、大本営）は90％、ハ号（皆神山地下壕、食糧庫）は100％に至っていたと工事主任吉田栄一建技大尉は報告しているが、皆神山の地下壕は地質がもろく危険が大きいので、食糧庫に変更されて、当初の計画の55％であった。

地下壕建設にかかった費用は、吉田栄一大尉は概算1億円、施設隊長加藤幸夫少佐は1億円はかからなかったという。実際には「鉄道建設興業」の窓口施工業者の請負額は、掘削費用として1033万円、舞鶴山の建設費として鹿島組へ200万円、その他を含めて計1293万円だったという。ただし、陸軍や鉄道施設部が直接施工した経費は含まれていないだろうと青木孝寿氏は書いている。

県民の四人に一人が死亡したという苛烈な沖縄戦が本土決戦を遅らせるために行われ、また多くの若い兵たちが特攻作戦で命を落とした。さらに日本各地が空襲され、広島、長崎には原爆が投下される中、松代ではこのような地下壕建設工事が行われていたのである。

松代大本営では、いまでも「日韓友好のための平和の発信地に」ということで、追悼の行事が行われたりしている。戦中、軍部や政府が何を考えたか、日韓の労働者（特に強制連行された朝鮮人労働者）が何のために、どんな風に、ここで働かせられたかを考えるための重要な戦争遺跡であることは確かだと思う。戦時中に作られた軍事基地のほとんどが今もなお「基地」として使われていることを考えた時、「戦争遺跡」として多くの人が訪れていることは何よりだ。そして「松代大本営」についての書籍や回顧した文章はたくさんある。私はごく一部しか手にしていないが、「証言」もたくさん寄せられている。戦時中の他の基地建設の記録が圧倒的に残っていないのに比べ、びっくりするほどだ。もし興味を持たれたら、ぜひ手に取ってほしい。新たな戦前を迎えさせないためにも。

第4節　太平洋戦争末期に建設された小松基地

小松基地との出会いは、基地建設のことをもう少し調べたいと思っていたところに、私が事務局員をしていた沖縄意見広告の事務所に、金沢の新谷《しんや》宏さんから自費出版の小冊子『今こそ、不戦を誓う——小松からアジアの友へ——』（小松基地問題研究会）が送られてきたことだった。沖縄意見広告とは、沖縄二紙（琉球新報・沖縄タイムス）と全国紙に、沖縄の基地の縮小や平和を求める意見広告を掲載する運動をしている市民運動団体である。

その頃の私は小松の位置さえおぼろげだったが、冊子には第二次世界大戦中に日本海側に作られた飛行場で、囚人や強制連行された朝鮮人を動員して作られたと書かれていた。基地建設における「囚人労働」は聞いたことがなかった。新谷宏さんと連絡を取り、小松に足を運んでみることにした。

◎安値で買収された民有地

2023年6月、小松空港を空から見てみたいと思い、小松行きのANAで東京を出発し、小松に向かった。飛行機は飛行場の南から着陸し、隣にいくつか三角屋根の建物が見える。到着して案内をお願いしてあった「小松基地問題研究会」の新谷宏さんが出迎えてくれた。最初にターミナルビルの展望台から、私の乗ってきたANAの飛行機と小松飛行場の全貌を眺めた。浜松基地同様さほど大きい飛行場ではないが、空港ビルとの対面に自衛隊基地が見える。三角屋根は自衛隊の建物で、航空自衛隊小松基地と民間の小松空港の共同使用飛行場である（図3－05）。2006年の在日米軍再編で、米軍との共同訓練移転の対象基地とされている。また私が訪ねたころは、第二滑走路の建設も検討されていた（2024年3月現在、第二滑走路については中断の判断がなされている）。

展望広場のある基地の近くの公園には、自衛隊配備機種を示した看板も立っている。戦闘機F－15Jの他に救難捜索機U－125A、訓練機T－4、救難ヘリコプターUH－60Jが配備されているとある。

図3－05　滑走路の向こうに自衛隊施設の三角屋根が見える

空港ターミナルの対面にある基地の正面玄関までドライブをし、守衛の自衛官に声をかけると、にこやかに返事をしてくれた。大型のパラボラアンテナや展示用の戦闘機などが見える。

その後、通信施設や誘導灯が見えるところに案内してもらい、「こんなことをしていたら重要土地規制法で引っかかるかなあ」などと冗談を言いながら草むらに分け入って見てまわった。重要土地規制法とは、2020年に施行された法律で、安全保障上の重要施設――自衛隊や米軍の基地、原発などの周辺1キロを注視区域として指定し、重要施設の機能阻害行為を防ぐため、その地域の住民や利用者を調査することができる法律である。そして、石川県立航空プラザに立ち寄った。様々な自衛隊機種が展示されていて、非常に詳しい年表もあった。

その年表によれば、小松基地は、太平洋戦争開戦直前の1941年8月、日本海軍が今江潟《いまえがた》西側の砂丘と防風林だった松林一帯約241万平方メートルを買収するところから始まっている。上空からは日本海と今江潟が一つの水面のように見えて、その間にある飛行場が発見されにくいという理由で太平洋戦争の末期に急遽建設されたと言われている。

『年表小松の空』（住田正一著）によれば、買収したばかりの10月には農地開発営団が今江地区を開発地区に指定し、12月から「食料増産のための開墾」が始まった。日本海から吹きつける季節風や砂嵐から田畑を守ってきた松林は、次々と切り倒され、翌1942年5月に32万平方メートルの開墾を完了した。

しかしこの開墾は海軍飛行場建設のための仮装工事（予備工事）と見られていたようだ。そもそも開墾用地が海軍の所有地であり、開墾が始まってから海軍大将が視察に来たり、海軍機による空からの測量が繰り返し行われていた。また勤労動員で開墾作業に携わった安宅町の山木作太郎さんは、係員から「この伐採作業は飛行場建設用地造成のためである」との説明を受けている（『はくさん』一三七号）。また開墾完了直後の七月には安宅新町にグライダー用の滑空場も完成している。

1943年4月、「食料増産のための開墾」という名目そのものが取り除かれ、「舞鶴鎮守府小松飛行場建設事務所」が設置され、本格的な海軍飛行場建設に切り替えられたのである。新たに259万平方メートルの民有地が1坪わずか26銭で強制的に買い上げられたが、代金が支払われなかったものもかなりあったと言われている。当時の米価は1キロ35銭ほどで、敗戦の年には60銭程度であったことを考えると、土地1坪26銭はいかに安いものだったかがうかがえる（『今こそ、不戦を誓う――小松からアジアの友へ――』）。

◉動員された受刑者と朝鮮人徴用工

このころは、すでに若者はことごとく徴兵されて戦地に送られ、小松飛行場建設には、新人部隊、軍属部隊、内地徴用工員、朝鮮人徴用工員が動員され、完成までの1年半に延べ20万人が動員された。最も多かったのは受刑者と思われる。満洲事変の頃から太平洋戦争の敗戦時までの戦時行刑について非常に詳しく書かれている『戦時行刑実録』（矯正協会、1966年）によれば1939（昭和14）年11月から敗戦時まで、金沢刑務所から毎日200～350人の受刑者が動員されている。矯正協会会長の正木亮氏は、「序」の中で、国家総動員法の下で、囚人たちにも「国難に当たっては一般人と同じように日本人たる資格と働きを与えてやらねばならぬという教育行刑――囚人のリハビリテーションの思想の実現のためであった」と書いている。『戦時行刑実録』には、小松飛行場での記録はごく簡単にしか載っておらず、その実際は如何なるものだったのか、当時は治安維持法による受刑者も多かったのではないかと推察する。『安宅新町史』を編集されたAさんの母親は「腹をすかせた受刑者は、監督の目を盗んで近くの畑のイモを食べたのがみつかり、溜池に放り込まれ、首筋をつかまれ、溺れそうになるまでのリンチを受けていた」と語っている。

勤労報国会で動員された前出の山木さんは、「砂丘地に100メートル×1500メートルの滑走路をほとんど人力だけで建設した。しかも食べ物もわずかしかなく、昼夜問わずの突貫工事だったので、作業中に何人も倒れていった。朝鮮人がかなり動員されていた」と話している。『草野町史』の編集に関わったMさんは、「朝鮮人たちは安宅松の林のなかにいくつもの掘立て小屋を建てて生活していたと年寄りから聞いた」と話している。

戦時中、日本に強制連行され、鉱山や土木事業などで強制労働させられていた朝鮮人は100万人をこえると言われていて、石川県内では尾小屋鉱山や小松製作所でも朝鮮人が動員されていた。小松飛行場建設での動員については証言はあるものの、確たる資料がなく調査が必要である（『今こそ、不戦を誓う』）。

こうして1944年11月、2本の滑走路（東西1500メートル、南北1700メートル）が完成した。翌45年6月に、海軍の空中特攻専門部隊（神雷部隊）が小松に配備された。7月には神雷部隊の一部が朝鮮半島・浦項付近の迎日基地に移動した。ソ連参戦の場合にウラジオストクを爆撃するためという理由からであった。

少し長くなるが、太平洋戦争中の基地建設期のことがよく分かる小松基地広報紙『はくさん　137号』（一九七六年一二月一〇日号）に掲載された山木作太郎さんの文章を転載する。

人力とスコップと　小松飛行場建設期のこと（小松基地ができるズッと前のお話）

小松市安宅町　山木作太郎

1941年（昭和16年）12月8日、わが国は英米に対して宣戦を布告した。この日は日本軍がハワイを奇襲して大戦果を挙げ、全国民が忠君奉公の一念に燃えた記念の日となった。

翌17年4月、小松商工会（現コマツ商工会議所の前身）の要請により、業界のトップを切って菓子同業組合は勤労報国会を結成し、一個隊10名の構成を整えて待機していたところ、向本折地内のなが山に集合との指令が来た。そこは国有地の防風林で、黒松や赤松が生い繁った場所であったが、この森林を伐採する作業が発表された。慣れぬ手にスコップや鍬をにぎり、松の根を掘り、樹上に上って綱を結び、一同根こそぎ引き倒して根元と枝を切断し、幹は製材工場へ、根株は松根油の製造工場へと運搬した。

そんなある日のこと。係員から「この伐採作業は飛行場建設用地造成のためである」と初めて説明があった。

このあたりの森林や沼沢地は、なが山をはじめ、むじな山、おちん、お芝、がんだまりなど二十を越える様々な名称で呼ばれていたが、それがまたたく間に開拓統合されて、東西に長く南北に広い一望、数十万坪の平坦地に変貌したのは昭和17年の晩秋であった。

新体制が叫ばれ、戦時体制が進められている時でもあり、間もなくこの地に舞鶴海軍施設部が開庁され、事務所や倉庫、作業庫、炊事場、パネル宿舎などが次々と建てられていった。舞鶴海軍施設部の主力は内地徴用工員、朝鮮徴用工員、北方領土のキスカやアッツ島を玉砕寸前に引き上げてきた軍属部隊であり、これに囚人部隊も加わって、整地、砕石、土砂運搬、コンクリート打ちなどを、技師の指導の下に、風雪に耐えながら汗と涙の突貫作業が進められ、東西に走り、南北に連なる滑走路が、人力とスコップで建設されていった。

伐採作業を終えた私は商業報国会に参加し、小松製作所や寺西鉄工所へ勤労作業に通い、帰れば町内防護団や警防団、消防団員として銃後の守りに東奔西走した。

さらに、18年11月に、舞鶴施設隊を訪れ自家通勤の徴用を志願したところ、翌日二等工員に採用され、現在の民工の道路わき一帯に山積みされた木材の検収や、受払い業務の木材係として2カ年を過ごすことになった。

福井県若狭の国、三方、美浜から送られてきた角用材、丸太、ベニヤ板など約15万石が、全部戦争のために使用されていった。

滑走路や各施設の完成が近づくにつれて、三式戦や零戦、隼機、神雷特攻機が全国の各基地から空襲をさけてこの飛行場へ飛来するようになり戦局の重大さが肌にひしひしと感じられた。

やがて、一億一心、軍民挙げての戦力も及ばず20年8月15日、日本海軍の小松基地は、その機能を停止した。

この文章に出てくる、「技師」というのが、軍隊の技師か、建設会社の技師なのか知りたいところだが、不明である。

また『年表　小松の空』に興味深い資料がある。既設の飛行場は、爆撃によって使用不可能になると予想されたため、本土内の各地に秘匿簡易飛行場が「牧場」という名称のもと設営されたというのである。小松基地付近では、「田鶴牧場」「愛宕牧場」が小松基地の避難基地として建設された。田鶴牧場は、田鶴浜航空基地、伊久留《いくる》飛行場、相馬飛行場と呼ばれ、当時の相馬村、伊久留川左岸の水田を埋め立てて造られた。滑走路は長さ700メートル、幅100メートルで、中央の50メートル幅は松・杉などの厚板を敷いたものだった。建設には小松海軍航空隊の予科練生（奈良海軍航空隊一五期生）と徴用労働者を含め、400人が動員された。1945年8月15日に完成、一番機が着陸する予定の日に敗戦となった。

愛宕牧場は、現在の福井県武生市愛宕山山麓の水田を埋め立て、設営された。滑走路は長さ700メートル、幅80メートル。建設は舞鶴鎮守府所属第五五三設営隊、作業は小松海軍航空隊の予科練生（美保海軍航空隊一五期生）、民間勤労奉仕隊など連日200名が動員された。1945年6月10日作業開始、ほぼ完成した滑走路に一番機が着陸した8月15日、2時間後の正午に敗戦となる。

このふたつの牧場は、現在、元の静かな田園に戻っているとのことだ。

海軍の横須賀鎮守府所管の「牧場」は16カ所、舞鶴鎮守府所管は11カ所、呉鎮守府所管は16カ所、佐世保鎮守府所管では11カ所にも及んだ。

⊙米軍による接収と「返還」後の拡充

1945年10月22日小松飛行場は米軍に接収され、米軍航空隊の補助レーダー基地となった。1950年から始まる朝鮮戦争では、朝鮮半島に近い米軍のレーダー基地として戦争加担の一端を担うことになった。

1958年米軍の接収解除の翌年、航空自衛隊小松基地隊が発足する。1960年4月19日に、加藤防衛庁名古屋建設部長、大森防衛庁施設部長、島田中中部航空方面隊司令官参列のもと起工式が行われた。総工事費20億円、面積が396万平方メートル、滑走路（2400メートル×45メートル）の新設、航空灯、格納庫新設、隊庁舎新設、指揮所建設などの工事が3月から始まった。8月から進入路及び浄化槽新設工事、10月以降燃料タンク、通信施設工事が始まる。その他の工事も、1962年には終了した。この建設を請け負った建設会社は、不明である。

起工式で和田傳四郎小松市長は小松基地の戦争中の話に続いて、「ジェット基地は戦争の基地ではないんじゃさかい、神雷特攻隊の二の舞は決してござらんと確信しておりますし、絶対に神雷にさせてはいかんのでありまする。防衛が本務でありまして、攻めていく機関では毛頭ないことを断言しておきまする。基地ぁ立派な観光資源のひとつといたしまして、日本中の皆さんに喜んで見学してもらえるよう開放する、安心できる基地でござります」（『年表　小松の空』）と話している。1961年6月11日に開庁式が行われている。

その後1975年9月に、F－4戦闘機配備に伴い、第一次小松基地爆音訴訟が提訴され、一次から六次訴訟では、国に過去分の損害賠償を命じた判決が確定したが、将来分の損害賠償や飛行差し止めは認められなかった。2023年12月26日、原告1510名による第七次訴訟が提訴された。

現在、小松基地では、2025～27年および2028年に予定されているF－35A戦闘機配備のために、基地の「強靭化」とミサイル攻撃に備えた基地司令部の地下化が準備されている。施設整備費として122億円が計上されている。

第4章 敗戦後、日米関係下での基地建設

第1節 沖縄――米軍統治下での基地建設

◎キャンプ・ハンセンと國場組

沖縄県辺野古の基地建設をめぐる企業への抗議を続ける中で、大成建設・五洋建設とＪＶを組む沖縄最大のゼネコン、國場《こくば》組のホームページにアクセスすると、沖縄島金武《きん》村（当時）に造成されたキャンプ・ハンセンについて書かれていた。「国際競争を勝ち抜き、単独受注を決めた」とあった（現在、國場組は創業90年を迎えて、ＨＰからこの記述は消えている）。敗戦後の沖縄の米軍基地建設は、米軍が「銃剣とブルドーザー」で土地を取り上げて強制的に基地を造ったことや、大林組、鹿島建設、竹中工務店、清水建設、大成建設など本土の建設会社が進出して軍の施設を造っていったことは知っていたが、沖縄の建設会社が積極的に

米軍基地を造ってきたことは衝撃的でもあった。
２０２３年９月、東京から名護に移住した山本英夫さんの案内で、海兵隊基地であるキャンプ・ハンセンと極東最大の空軍基地である嘉手納基地をめぐった。名護の市街地から恩納村《おんなそん》の安富祖《あふそ》まで南下し、県道越え実弾演習で悪名の高かった（１９９７年以降は県外移転した）県道１０４号線を通って、東海岸の金武町に抜けた。キャンプ・ハンセンを外から一望するところはないため、ゲート１の前まで案内してもらった（図４－01）。ゲート１前には辺野古の工事を請け負っている丸政《まるまさ》工務店の本社もあった。

キャンプ・ハンセンは沖縄自動車道（名護市許田《きょだ》からうるま市に至る同自動車道は１９７５年５月、キャンプ・ハンセンの提供地から約57万８０００ヘクタールの返還を受けて建設された）に面し、名護市、恩納村、宜野《ぎの》座《ざ》村《そん》、金武町にまたがって、その面積は４９７８万５０００平方メートルにも及ぶ（『沖縄の米軍基地　平成30年12月』沖縄県）。隣接するキャンプ・シュワブと併せて５１８４万平方メートルあり、中部訓練場となっている。金武町にある司令部や兵舎を中心とする「兵舎地区」があり、金武町側の恩納岳や喜瀬武原《きせんばる》の周辺から名護市

図4－01　キャンプ・ハンセンゲート前

までの山岳部に実弾射撃演習場や廃弾処理場がある。1945年に米軍が飛行場を建設し使用開始、その後、キャンプ・ハンセンを建設することになった。

國場組の歴史について触れたい。『國場組社史　創立50周年記念』は二分冊になっていて、第一部は「國場幸太郎略伝」となっている。國場家はもともと那覇を治めた官僚の那覇士《なはざむらい》の家系であった。そのことを誇りに思いながら国頭村《くにがみそん》に家族と暮らしていた國場幸太郎は13歳で大工の徒弟奉公に出る。その時に身に着けた技術で、1924（大正13）年東京に出て棟梁として独立した後、鹿島組や大林組の仕事に従事していた。翌年、弟の幸吉も上京して、兄の下で働きながら夜学で建築を学んでいた。そして沖縄に戻り、1931（昭和6）年7月國場組を創業、第一号工事として国頭尋常高等小学校新築工事を請け負う。

國場組が大きく成長した理由に、一致団結して兄幸太郎に協力する兄弟たちの姿があった。幸太郎が沖縄に帰郷した後も、兄弟が協力し合い、戦争の足音が聞こえてくる中、日本軍の仕事を受けるようになる。軍事上の観点から道路の整備が急がれる中で、現在の那覇市国場川河口にかかる南北両明治橋架設工事15万7500円や、1942年6月から海軍の飛行機燃料となるブタノールを作るための寿屋ブタノール沖縄工場新設工事を請け負った。

これらをきっかけに日本軍の信頼を得て、國場組は、戦中、沖縄の小禄《おろく》飛行場（今の那覇空港）・西飛行場（伊江島飛行場）・北飛行場（読谷飛行場）・中飛行場（嘉手納飛行場）・西原飛行場・南飛行場（城間飛行場）の六飛行場をすべて日本軍から請け負い（一部は軍の飛行場建設設定隊による）、最盛時には2万人の勤労動員や徴用工を駆使して建設している。そして、1945年3月12日幸太郎は陸軍から、それまで航空本部の管轄であった飛行場を現地の第32軍に移管するため、東京に呼び出され、その後は沖縄に戻ることがかなわず戦中は熊本・山鹿にいたので、弟の幸吉が國場組の指揮をとる。幸吉は米軍の上陸の直前の3月25日をもって國場組を解散。幸裕、幸仁、幸八兄弟や國場組の社員とともに故郷の国頭に疎開していて、熾烈《しれつ》な南部の沖縄戦を経験していない。のちに国会議員となる幸昌は、海軍兵としてインドネシア・セレベスで終戦を迎えている。

「國場幸太郎略伝」の戦後直後のエピソードにこんな一節が載っている。

（略）GHQとの接触の生じた幸太郎は、心の中にある〝わだかまり〟をぶちまけてみようと決心した。心の中のわだかまりとは次のようなことである。自分は戦時中、日本軍との契約により沖縄の全飛行場をほとんど一手に引き受け、誠心誠意お国のために尽くしてきた。しかしいまや事情は一変している。軍への協力者は戦犯ではないのか、げんに戦後多くの日本人が戦犯の汚名をきて裁きの庭に立たされている、ひょっとすると自分の行為は米軍には戦争犯罪として映っているかもしれない、という危惧であった。しかしこれも幸太郎にしてはすでに済んでしまったことである。いまさらどうしようもない、下手に隠したりするより堂々と自ら名乗り出よう、当たって砕けるだけだと決心した。これは今日からは想像もつかぬが、非常に勇気と決断のいることであった。

ＧＨＱに元川という二世の通訳官がいて、いろいろ親切にしてくれていたが、この元川を通じて渉外部長のある中佐に面会した幸太郎は早速切り出した。

「自分は沖縄県人で、同県出身者のために働いている。しかし言っておかねば気の済まないことがある。戦時中、沖縄の全飛行場をつくったのは、ほかならぬこの私である。もし私の行為が戦争犯罪であるなら処罰されてもやむを得ないと思うので、その点を明白にしてほしい」通訳の一語一語を注意深く聞いていた中佐は、幸太郎の率直な申し出に、かなり驚いた様子であったが、冷静な語調で次のように答えた。

「ミスター國場、君の言うことは分かった。君は一業者としてその業務を行ったに過ぎない。当然のことを行っただけである。捕虜虐待などの事実がないかぎり戦犯ということはない」

明快な答えであった。幸太郎はともかくほっとすることができるとともに、これで心のわだかまりは消えた。

このようなやり取りがあって、國場幸太郎は米軍の基地建設に積極的に関わり始め、戦後から沖縄の本土復帰まで、そして復帰後も米軍基地建設に携わり続ける。

キャンプ・ハンセンの建設の前には、國場組は米軍からの受注で、嘉手納航空隊劇場、外国人住宅、琉球政府庁舎、レーダー基地（沖縄島与座岳、同八重岳、宮古島野原《のばる》越え、久米島宇江城岳、沖永良部島知名町）、1号線（現58号線）道路工事（読谷村〜恩名村）、那覇航空隊兵舎、那覇航空隊クレーンビル、嘉手納航空隊兵舎、那覇港マリンビル、那覇航空隊大格納庫など（すべて請負額1500万円以上）といった工事を請け負った。

キャンプ・ハンセンは、1958年、沖縄駐留米軍がかつてない大規模な海兵隊の恒久基地を建設するために、国際入札によって建設業者を決めることになった。金武村にあった米軍機離着陸練習用飛行場を海兵隊基地として整備すると決めた米軍の調査・決定の過程は分からないが、サンフランシスコ平和条約締結後（1951年9月調印、1952年4月発効）、朝鮮戦争と相まって、沖縄では基地強化が進み各地で基地工事が行われる中でのことだった。

800万平方メートル（2000メートル×4000メートル）あまりに及ぶ荒れ地を整備し、一般兵舎・将校宿舎併せて約130棟、1000名収容のメスホール4棟、劇場、ボーリング場、モータープール、給水タンクを含む給水用ダム、射撃場などを作る計画であった。これらの建設には、沖縄では初めてのプレキャストコンクリート工法が採用された。プレキャストコンクリートとは、あらかじめ工場で製造されたコンクリート部材のことで、それらを組み合わせて、土木建築構造物を作り上げる工法である。工期の短縮、製作精度の向上、大量生産によるコストダウンなどが利点である。

入札は国際入札で、当時沖縄で建設工事を請け負っていた本土大手の大林組、鹿島建設、竹中工務店、清水建設、大成建設、銭高組ほか、外国勢ではフィリピン華僑のJ．H．W（＝YKT）や国際建設（International Construction Corp.　通称I・C・C）、ピーターソン建設（Peterson Construction Corp.）などのアメリカ勢が参加した。

『國場組社史　創立50周年記念』によれば、「國場組もこの入札に応ずる熱意はどこにも負けないものがあり、地元の最大大手建設業者としての誇りがあり、戦前・戦中の地元における実績もあった。また沖縄の業者として沖縄に大きな足跡を残したいと願った」とある。

見積もりは詳細慎重に検討され、社長以下幹部が会議を重ねて、専門分野のスタッフが算出し、一次案を1450万ドル（当時のレートで52億2000万円）とした。さらに削って二次案の1340万ドルとしたところ「キャンプ・ハンセンの工事予算額は1100万である」との情報が入り、常時米軍関連工事に従事するJ・H・Wの見積もりも1100万らしいと判明した。そこで國場組は価格を114万5600ドルとしたうえで、補足工事項目が一括入札として編入されるときには15万ドルを値引きするとした。1100万を切る価格として、本土大手の建設会社や台湾の業者、フィリピンの業者に競り勝って一番札となった。米軍とのネゴシエーション（交渉）は詳細を極め、社内でも採算に疑問を持つものもいたが、社長の「欠損が出ても強行する」との決意により、1096万3977ドルで、キャンプ・ハンセン工事を請け負うこととなった。

米軍工事には経験を積み、詳細な仕様書の解読には慣れているはずの國場組ではあったが、規模が大きく、米軍工事検査官《インスペクター》とのトラブルも多かった。資材・建築機械類や労賃の値上がりも直撃し、2000名に上る労務者管理も生易しいものではなかった。工事には追加工事もあって最終的に1200万ドルを超えるものとなり、1959年7月着工、約3年3カ月後の1962年10月に竣工した。工事そのものは立派に仕上げて、米軍や沖縄経済界・建設業界の中で國場組の名声を上げるようなものだったが、その一方で資本金の3倍を上回る欠損を出し、創立以来の大打撃を受けて経営の危機を招き、ついには琉球銀行の銀行管理を受け入れなくてはならなくなった。

⊙國場組の姿勢は「沖縄のために」？

キャンプ・ハンセン建設前後には、米軍関係工事（米軍陸軍病院・ナイキ基地建設・ホーク基地建設・辺野古特殊倉庫施設など）や琉球政府（琉球政府第二庁舎・府立中部病院など）ほか、民間工事（西原製糖工場施設・琉球東急ホテル増改築・琉球新報社社屋など）を相次いで受注（いずれも1億円以上）することに成功し、銀行管理からの再建を後押しした。

そして、海兵隊普天間飛行場（駐機場）コンクリート舗装工事も請け負っている。この工事は、キャンプ・ハンセンの工事で経営上の大打撃を受けた國場組が再起をかけて請け負った工事で、舗装のためのコンクリート・ペイバーという機械を国内で最初に使用し、生コンクリートを型枠に流し込む打設面積が16・5万平方メートルに及ぶものであった。その結果、陸軍地区工兵隊（District Engineer通称DE）から受けていたキャンプ・ハンセン赤字のための用心措置《コーション》として工事受注請負限度額を上限100万ドルと通達されていたのが取り消され、新たな工事入札額が500万ドルまで回復し、事実上すべての入札・受注ができるようになったのである。やっと銀行管理が解除されたのは1967年12月31日であった。

昭和40年代（1965〜1974年）の間にも、米軍関連工事は嘉手納航空隊誘導路建設や舗装などがある。その後、沖縄の復帰後も、那覇防衛局の発注で米軍基地建設に関わり続ける。

さらにこの間で特記すべきなのは、1968年からの金武湾の南に位置する与那城村《よなしろそん》（当時）の平安座島《へんざ》に造られたCTS（Central Terminal Station）関連工事である。

金武湾一帯の約1000万坪を埋め立て、石油コンビナート、造船、アルミ精錬工場、原発からなる工業地帯開発の計画が持ち上がった。本土の千代田化工建設が、米石油大手ガルフから受けて國場組に発注して造られた巨大石油基地CTSが作られるにあたって、ボーリング調査に始まり、埋め立て造成、プラント建設に至る工事を國場組が請け負った。CTS工事については、三菱商事・三菱開発が計画に関わったとされ、大成建設も社史の中で建設に関わったと述べている。この工事に反対した沖縄の住民闘争の原点とも言われる反CTS金武湾闘争については、2023年に50年を迎えて『海と大地と共同の力——反CTS金武湾闘争史』（金武湾闘争史編集刊行委員会編）が刊行されている。現在、沖縄に原発がないのは、この闘争があってのことである。

沖縄の経済を支える沖縄のゼネコンは、従業員にとっては良い企業でもあるだろう。たくさんの人々の生活の糧ともなっているはずだ。でも、「基地はいらない」という沖縄の決して小さくない民意を鑑みるならば、沖縄の企業が米軍基地建設に関わっていく姿勢を軌道修正していく時が来ているのではないだろうか。社史の中で何度も述べているように「沖縄のために」ならば、既に日本全体の70パーセントの在日米軍専用施設が集中する沖縄に新たな米軍基地を造ることが、本当に「沖縄のためになるのか」「なぜ多くの人が建設に反対するのか」國場組としても考えてほしい。

経済面では、今まで言われてきた沖縄の基地・公共工事・観光（復帰前はキビ）の三K依存に代わって新しく、東アジア経済のダイナミズムを県経済に引き込み、「新10K＋I」——基地返還ビジネス、環境再生型公共事業、高付加価値型観光の新3Kに加え、新たな経済発展分野として健康、環境、教育、研究、金融、交通、交易の新7Kが提唱され、注目されている。そして離島県沖縄にとって「新10K」経済を支える中核インフラが高速大容量の5G、6Gなどの「ICT（情報通信技術）」なのだそうだ。沖縄の胎動は始まっている。県民の中でも対話をしてほしいと思う。

建築学会賞を受賞した建築家で沖縄平和市民連絡会の真喜志《まきし》好一《よしかず》さんは、國場組から入社の打診を受けた時、「米軍基地を造る会社には就職しない」と断ったという。ヘリ基地反対協の東恩納《ひがしおんな》琢磨《たくま》さんも元は土建会社で道路を作っていた。道路を作ることが、沖縄の島々の人を幸せにすると思っていたが、辺野古の基地建設を目の当たりにして土建会社を辞め、エコツーリズムに関わるようになったとある（『沖縄はもうだまされない』真喜志好一ほか）。沖縄の宝である多様性豊かな海や山を守っていくことこそ、未来に向けての発展ではないか。

コラム

〈会社〉と原発建設

第二次世界大戦中に開発された核兵器は、米英ソ連などを中心とした連合軍が勝利した後、その核管理をめぐって戦勝国の中に対立が生じた。米国は、核を独占しようとして、核に関する情報を一切機密とし、国内外に提供することを禁止する法（マクマホン法）を制定し、戦後世界の覇権を握ろうとした。そんな中で、米国は原子力潜水艦の開発など核の軍事利用に専念していた。

しかし1949年、ソ連が原爆実験に成功、3年後には英国も核兵器保有を宣言する。ほどなくして、ソ連と英国は、核エネルギーを発電にも利用し始めた。カナダやフランスも原子炉開発に着手する。米国が画策した核の機密政策は破綻、唯一の核保有国ではなくなり、そこで1953年、アイゼンハワー大統領が国連総会で「アトムズ・フォー・ピース」（「平和のための核」あるいは「平和のための原子力」）政策を提案、核を平和利用していこう、そのためには米国は援助を惜しまないという内容であった。

これを受けて、日本政府は、原子力の平和利用政策を進める。産業化にはその後相当の年月を要したが、1955年、核を兵器転用しないという日米原子力協定が結ばれ、翌年、「原子力基本法」「原子力委員会設置法」「原子力局設置法」の原子力三法が成立して、住友グループ（住友系）、第一グループ（富士電機系）、東京原子力グループ（日立系）、三井グループ（三井系）、三菱グループ（三菱系）の原子力五大企業グループが結成された。

建設業（ゼネコン）は、研究所の建設や建屋《たてや》の建設に関わってきた。大成建設は『大成建設140年史』で、「1956（昭和31）年に発足した日本原子力研究所（現・日本原子力研究開発機構）は、1957年に東海村の研究施設で日本最初の原子炉点火に成功した。当社はこの研究施設の工事に参加、1957年に第一研究室、第二研究室、その他の工事に着手し、さらに第二研究室を竣工させた。

これより早く、日本原子力研究所とともに我が国の原子核物理学会をリードしていた東京大学原子核研究所の工事を一手に引き受けていたし「これらの工事には将来における原子力分野への進出を目指しての研究的な意味が多分に含まれていたが、さらに広範な放射能関係の技術を研究するため、1959年から社員を米国に留学させた」と述べている。さらに動燃再処理工場、核燃料関連施設、高浜第一・第二、伊方第一、川内第一原子力発電所などの建設をしている。

清水建設は1958年、日本原子力事業株式会社に資本参加し、東海第一、敦賀、東海第二、福島第二、柏崎刈羽原子力発電所、六ヶ所再処理工場に関わっている。

少し遅れて1966年、水野組(現五洋建設)が福島第一、福島第二、柏崎刈羽専用港、1972年には伊方原子力発電所、その後、島根や志賀原子力発電所を建設している。鹿島建設は、1970年、東海第一・第二、京都大学研究炉、武蔵工大研究炉、福島第一・第二、他に島根、ふげん、浜岡、女川、柏崎刈羽、伊方、大飯原子力発電所建設に携わっている。同じく1970年、大林組が美浜・玄海第一・玄海第二を、1972年に美浜第二・大飯原子力発電所を建設している。

原子力発電所建設は、民間の電力会社の事業なので、受注金額などは不明である。

現在は、「原子力ムラ」に包含される組織として、内閣府や経済産業省など国の機関、日本原燃や電気事業連合会などの業界団体、電力九社(北海道電力・東北電力・東京電力・中部電力・北陸電力・関西電力・中国電力・四国電力・九州電力)、原子炉製造企業の東芝・日立製作所・三菱重工業と共に建設業が挙げられる。竹中工務店、大林組、鹿島建設、熊谷組、五洋建設、清水建設、大成建設、西松建設、前田建設工業、奥村組、安藤ハザマなどが原発事業に関わっている。

『核大国化する日本――平和利用と核武装論』の中で、「平和（商業）利用も軍事利用も、核エネルギーの原理に違いはない。『平和のための核』が普及するにつれ、核爆弾の製造能力を持つ国はどんどん増えていった」とある。福島第一原発のような事故だけでなく、核兵器転用されないためにも、注視していかねばならない。

第3節 岩国――沖合移転という名のアジア最大の米軍基地建設

⊙アジア最大の米空軍基地

2023年3月、山口県の最東部、岩国を訪れた。もちろん、岩国航空基地の見学が目的だ。岩国航空基地は、岩国市のほぼ中心部、今津川と門前川に挟まれた三角州に位置している。岩国航空基地は、米海軍・米海兵隊・海上自衛隊がそれぞれ使っていて、いろいろな機種のエアクラフト（飛行機やヘリなど）が離発着している。

「ピースリンク広島・呉・岩国」世話人で元岩国市議の田村順玄《じゅんげん》さんと新田秀樹さんを紹介していただいていたので、駅で待ち合わせた。今まで私が訪れてきた、古くからの基地というより（岩国も1938年、日中戦争中に大日本帝国海軍飛行場として作られたのではあるが）2017年に拡張工事がすんだばかりの基地なので、ちょっと様子が違う。「基地建設」について具体的な話を聞きたいと伝えてあったので、さまざまな資料を用意していただいていた。埋め立てだけでなく上物（格納庫や米軍人住宅や管制塔など）に多額の税金がつぎ込まれている。

その後、埋め立てられてできた新しい滑走路が間近に見える北側から基地を見て、米軍機の飛行監視を続けている方も紹介していただいた。飛行している機体の写真はうまく撮れなかったが、F－35の発進のものすごい爆音におののく。艦載機が厚木から移駐した岩国基地は、機体数では沖縄の嘉手納基地の約100機を超えるアジア最大の米空軍基地となっている（図4－02）。

そして、埋め立てのために削り取られた愛宕山《あたごやま》に近い「一の谷団地」の高台から、基地を見渡せるところに案内してもらい、2440メートルの滑走路の大きさを実感する。私のカメラでは全景は捉え切れない。沖合に水上で離着陸する航空機も見た。そして飛行場と言いながら、軍港設備もある。ここから2012年沖縄普天間飛行場に配備されたオスプレイも陸揚げされたのだ。

もともと愛宕山にあった移転された愛宕神社の前で、今までの経緯を伺った。岩国市は、基地の沖合移設をして、さまざまな配備を受け入れることで交付金をもらい、学校給食の無料化、医

図4―02　岩国基地の全景（提供 ピースリンク広島・呉・岩国）

療費の無料化などが行われるようになってきた。新しい公園や消防署、病院などもできたとのこと。沖合一キロ先に埋め立て地を移動したことで、騒音被害も少なくなって、今では「日本で一番子育てをしやすい街」をうたってもいる。「現在の福田良彦市長は、基地を受け入れながら、うまくやっている」と市議会議員として、基地拡充の反対運動を推進してきた田村順玄さんも複雑な気持ちを抱えていると話された。

山を削ってできた米軍将校用住宅が２６２軒立てられた高級住宅街のＡｔａｇｏ　Ｈｉｌｌｓを一周し、ゲートも見せてもらった。高級将校しか入れない（図４－03）。

現在の岩国は、日米安保と米軍再編を考えるうえで象徴的な街だと思った。

図4－03　Atago Hillsの入口。米軍高級将校しか入れない

⊙地元市が望んだ沖合移転

岩国基地の大まかな経緯を見ていこう。前述のとおり、日中戦争中の１９３８年（昭和13）４月、大日本帝国海軍飛行場として、宅地や田畑を買収して飛行場建設が着手される。太平洋戦争が始まる前の１９４０年7月に岩国海軍航空隊が発足、太平洋戦争中は１９４５年の「玉音」放送の前日に、岩国は米

軍を中心とする連合国軍の大規模な市街地を狙った空襲を受けている。

敗戦直後、占領軍の米海兵隊に接収され、1946年2月より、山口県は英連邦軍の管轄となり、岩国飛行場はオーストラリア空軍が進駐、1948年9月に撤退した。1950年6月、朝鮮戦争が勃発すると、国連軍のイギリス・オーストラリア空軍により、出撃基地として使用されるようになった。

1952年4月28日、連合軍による日本占領が終わるとともにイギリス・オーストラリア空軍より返還されるが、同時に日米安保条約が発効、米空軍に移管される。この後から日米合同委員会による飛行場拡張の動きがあった。1954年、米海軍へと移管、1957年海上自衛隊と共用基地となる。1958年、米海軍から米軍海兵隊に移管され、現在に至っている。

沖合移転に至った経緯は、①旧滑走路の延長線上に石油コンビナートがあり、飛行ルートに制約があったこと、②飛行場が岩国市商店街・住宅地に隣接していてジェット化に伴う騒音公害があったことがある。1968年の九州大学へのファントム墜落事故を受けて危機感が高まり、1971年以降、岩国市が滑走路の沖合移転・埋め立てを国に求めるようになった。1973年から予備調査を20年にわたって実施し、1992年8月、政府・与党が1000メートル沖合への移設を決定した。

岩国市ホームページによると、2010年度までの沖合移設の事業概要は、

1. 総事業費　約2560億円
2. 完成時期　平成22年度末
3. 埋立面積　約213ヘクタール

4. 埋立土量　約2095立方メートル
5. 滑走路　約2440メートル
6. 外周護岸延長　約5140メートル（護岸　約4760メートル、岸壁360メートル）
7. 防波堤延長　約1940メートル

となっている。

埋め立てが実施される2005年ごろになって、在日米軍再編が始まる。その中で持ち上がったのが、普天間基地配備のKC－130空中給油機と厚木基地所属の空母艦載機の岩国基地への移転である。

予備調査・地質調査・環境影響評価などの調査の段階から、護岸・埋め立て工事、滑走路建設、ユーティリティ工事などの概要とその金額とについては、岩国市のホームページで公開されている（「表4－1 沖合移設関係調査及び工事の実施状況」）のでぜひ参照されたい。

護岸工事と埋め立て工事に関しては、その工区を三つに分け、南地区、北地区、中央地区の順に進められた。埋め立て土砂には、のちに米軍高級将校の住宅となる愛宕地区の住宅地再開発事業で出た残土が使われ、3・4キロメートルに及ぶベルトコンベアーで埋め立て現場まで運ばれた。住宅地再開発事業とは、移設に当たり大量の土砂が必要となることから、岩国市のほぼ中央に位置する愛宕山の102ヘクタールの土砂を削り、埋め立て土砂として国に売却、造成した土地に1500戸の住宅団地を造るという計画だった。山口県と岩国市が主体となった山口県住宅供給公社の事業で、850億円の当初予算だったが、1990年年ごろのバブル時代に作られた計画自体がずさんで、売却価格より土砂採取費用のほうが上回り、住宅売却の見込みが不可能となった。２００７年土砂の搬出は終了したが、２５０億円の赤字と約60ヘクタールの更地が残り、岩国医療センターや特別養護老人ホーム、消防局移転などで15ヘクタールは利用されたが、残りの45ヘクタールは防衛省が買収することとなり、米軍住宅と米軍管理のスポーツセンター施設となった（前述のＡｔａｇｏ　Ｈｉｌｌｓ）。

⊙〈会社〉と拡張工事

官報政府調達公告版の落札情報を整理した結果、埋め立て工事の始まった１９９７年以降、工事がほぼ終わる２０１７年までの岩国基地建設の事業名と落札企業、落札価格がわかった。政商と言われた大手建設会社が数社で建設を請け負った明治時代とは違い、辺野古基地建設同様、多くの企業が分担して基地建設を進めていることが分かる。１９９７年から２００４年にかけては、沖合移設の護岸工事・埋め立て工事が主で、２００６年ごろからは保管庫や格納庫、管制塔、駐機場や宿舎などの建築・整備に移っていく。

建設会社ごとに見ていこう。

まず、大手ゼネコンでは、大成建設および大成建設共同企業体（ＪＶ）、大成建設の各子会社（大成ロテック、大成設備、大成温調）で33件落札している。大成建設・大本組・三井不動産ＪＶが主に滑走路移設の防波堤工事、大成建設・大本組ＪＶで港湾施設工事、大成建設単体で建築工事を請け負っている。道路工事が専門の大成ロテックは滑走路その他の舗装工事、大成設備が様々な施設の機械工事を請け負っている。価格合計６３１億１８８４万円になる。岩国でも大成建設グループの受注が一番多い。

広島県呉市発祥の海洋土木会社の五洋建設および五洋建設JVは全部で15件落札している。滑走路移設のための岸壁工事（一件で81億円を超える）や地盤改良工事ほか、藻場・干潟回復工事の落札案件がある。愛宕山の工事も請け負っている。価格合計325億3233万円になる。

岩国の工事の談合事件で摘発された鹿島建設は落札案件は10件、滑走路移設地盤改良工事、格納庫建築、宿舎建築など、価格合計293億6968万円となる。

大林組も談合事件で摘発されている。大林組および大林組JVと子会社の大林道路は全部で7件。大林組・りんかい建設・竹中土木建設JVで4件の滑走路移設工事を請け負っており、この四件で154億7700万円、ほかに21億8224万円を請け負い、合計額は176億5924万円となる。

西松建設は主に建築工事で8件、前田建設工業7件、戸田建設7件、清水建設および清水建設JVで4件である。

大手ゼネコン以外では、大阪に本社を置く奥村組および奥村組JVが12件落札、滑走路移設北地区護岸工事、宿舎建築、立体駐車場建築工事などを請け負っている。価格合計226億4475万円となる。

海洋土木会社の東亜建設工業が8件で102億2434万円。東洋建設JVが埋め立て工事を中心に4件である。

広島に本社を置き、中国四国地方を中心に活動する広成建設が、落札案件4件、管制塔建築、愛宕山の橋梁工事などを請け負っている。価格合計81億6868万円となっている。

同じく、広島に本店を置く中電工が、主に電気工事で5件、価格合計53億5116万円である。

九州に本店を置く若築建設が8件、建築工事を中心に価格合計67億1556万円である。随意契約の案件は、㈶広島環境保健協会が、藻場・干潟監視業務として、6件を受注し、5億1672万円で請け負っている。

ただし、愛宕山米軍施設に関しては、田村順玄さんが作った発注案件の一覧表があり、37件220億円となっている。官報の落札価格とずれがあるが、愛宕山と明記されずに計上されているのかもしれない。

鹿島建設、大林組のところで触れたが、岩国基地建設受注に関して、この2社は官製談合事件で摘発されている。元防衛庁技術審議官で防衛施設技術協会理事長の生沢守氏が建設会社の受注調整を指示した官製談合を行った疑いで、大林組も東京地検特捜部の家宅捜索が行われた。大林組など3社JVが「中央地区埋め立て工事」を27億3000万円で、鹿島建設など3社JVが「中央地区地盤改良工事」が35億1750万円で落札。大林組の顧問は、中国・四国地方の公共工事全般で談合を仕切っていたと報道されている（「しんぶん赤旗」2006年2月3日）。ただし、その後の経過については、はっきりしなかった。

◉アメとムチに翻弄された岩国

最終的に、15年にも及ぶ工事の末、2010年5月29日に新滑走路の運用が正式に開始された。

沖合移設や空母艦載機移駐がなされるにあたり、岩国でも根強い反対運動があった。九州大学への戦闘機墜落事件の後、1968年には社会党・共産党、地区労、キリスト者平和の会が「基地撤去派」として集まり、11月「岩国から基地をなくする会」を結成した。また1995年に岩国市議会議員になった田村順玄さんは、根本的に基地の存在を問う反対運動を展開した。「おはよう愛宕山」新聞を発行し、沖合移設にも疑問を投げかけた。1995年11月の「おはよう愛宕山」新聞の「たちばなし」では、「沖縄の基地の振り分けが始まり、絶好の代替え基地となることは確実。沖合移設が始まれば、岩国の経済が活性化すると言われているが、実際は殆ど東京からくる業者の独占で、地元のメリットはわずか」と書いている。

また艦載機受け入れに反対した井原勝介前岩国市長は、国によるアメとムチに翻弄された経験を『岩国に吹いた風　米軍再編・市民と共にたたかう』（高文研）で書いている。一九九九年に市長になった井原氏は、基地そのものに反対したのではなく、厚木からの艦載機移駐には反対だが、自衛隊には残留してほしいことを明確にして、米軍再編を進める国と対峙した。

市民の声を聴くことを大事にして、2006年3月、住民投票を実施した。投票ボイコットが呼び掛けられるなど妨害もあったが、投票率が58％を超え、投票者の87％が受け入れ反対に投票した。市民の51％が反対したことになる。

しかし、艦載機受け入れを迫る国・防衛省は、あからさまに交付金を出さないなどして、市議会や県などを動かして、市役所建設を途中で止めるなど市政を揺さぶった。その結果、井原市長は、辞表を提出、三度目の市長選にうって出て、市民の判断を仰ぐことにする。

その結果、国が推した自民党衆議院議員の福田良彦氏に敗れることになる。「デマの洪水、常軌を逸した違法行為、ばらまかれる甘いえさ、勝つためには手段を選ばず、何でもありの選挙戦だった」

福田市長になると、艦載機移駐を認め、2017年8月から、厚木基地からの米海軍空母艦載機部隊の移駐が順次開始され、翌年3月に、全ての移駐が完了した。そして、基地交付金による市役所建設の再開、学校給食の無料化、医療費の無料化などが行われた。新しい公園や消防署、病院なども作られている。

第3節　琉球弧の軍事要塞化——馬毛島・奄美・宮古・石垣・与那国の自衛隊基地

◉与那国島のレーダー基地建設

私が日本の最西端に位置し、台湾から110キロメートルしか離れていない与那国島に行ったのは、2014年の10月だった。沖縄島辺野古の工事が始まったころから沖縄防衛局のホームページで入札・契約情報を調べるのが習慣になっていたが、辺野古に長期滞在をしていたころ、与那国での基地建設の受注があまりにも多く、辺野古の事例を見てきた経験からいって、与那国も基地建設が進んでいるに違いないと思ったからだ。受注契約が結ばれた後で足を運んでも、山を削り土が流れ、海が汚される現場に遭遇するしかないのだが、現場を見てみたかった。

東京から名護に移住し沖縄の数多くの現場を撮り歩いているカメラマンの山本英夫さんに相談し、基地に反対する「イソバの会」の方や与那国町議会議員の田里千代喜《たさとちよき》さんを紹介していただいた。準備は不足していたが、紹介された方々に会って話を聞こうと早速、与那国に飛んだ。

島の西に位置する久部良《くぶら》という集落に二泊三日の宿をとった。本土から移住し与那国馬を飼っているという浅海《あさみ》さんに島をぐるっと案内していただいた。自衛隊誘致に反対している方々の話もしてくださった。のんびりしていて静かな与那国が好きで本土から移住してきた人が中心になって、基地建設に反対しているという。もちろん与那国生まれの人たちの中にも与那国島を愛し、「自衛隊員が来ることで人口が増え町が活性化するなんて、まやかしだ」という人もいる。与那国馬がのんびり草を食む南牧場に面して基地建設用地が拡がり、馬たちは迷惑しているように見えた。すでに赤土が露出しているところもあった。

記録も写真も散逸していてあいまいだが、町議の田里千代喜さんが、「与那国町は、町をあげて台湾との交流を進めてきたこと。今までにも米軍艦が寄港したこともあり、自衛隊基地ができれば米軍も入ってくるのは歴然としていること。強い反対の声を押し切って、町長自らが自衛隊誘致をしていること」などを話してくださった。

与那国には陸上自衛隊の沿岸監視部隊が設置され、強い電磁波の出るレーダーが山の上に造られる予定だった（現在は大きなレーダーが5機立っている）。建設中だった駐屯地は25ヘクタールで、私が宿をとった久部良集落の南側に位置していた。

私が訪れた時には、沿岸監視部隊のみの配置とのことだったが、2024年現在、与那国にもミサイル部隊が配備されようとしている。ミサイル部隊配備に関しては、自衛隊誘致をした町長らも反対している。2023年10月には「レゾリュート・ドラゴン」という日米共同訓練が行われ、島の公道を戦車が走るという事態になっている。与那国に関して自分自身が何も行動できていないのが不甲斐ないが、島の住民の理解も得ない形でのミサイル基地配備には怒りがいっぱいだ。

◉石垣島――新石垣空港建設と自衛隊駐屯地建設

石垣島に行ったのも与那国島と同じで、沖縄防衛局の入札・契約情報のホームページに石垣島での駐屯地工事の契約情報が数多く載っていて、これはきっと酷いことになっているに違いないと直感したからだ。もちろん八重山諸島や宮古島で、軍事要塞化が進んでいて、石垣島にミサイル基地が造られようとしていることは知っていたし、東京での集会などには参加していたが、現場を見てみないと分からないと思った。与那国島、宮古島、奄美大島と工事が進み、琉球孤は石垣島と馬毛島が残されるのみだった。

ちょうど復帰50年の沖縄慰霊の日を挟んだ2022年6月、沖縄の名護市辺野古・久高島・平和祈念公園を訪ねたあと石垣島に行くことにして、石垣駐屯地建設の契約情報をプリントアウトして持っていった。平和祈念公園にいた時に、旧知の知り合いから、石垣島の農家で「基地はいらないチーム石垣」の上原正光さんを紹介してもらった。

新石垣空港で、上原さんに会い、工事建設の現場を見ること、特に建設現場のどこの会社が工事を担当しているかを示す看板が出ているところを見たいと伝えると、まず石垣島の中央に位置す

図4―04　八重山農林高校演習林から駐屯地建設現場を見る

る於茂登岳《おもとだけ》の中腹に広がる八重山農林高校所有地で、駐屯地建設現場を上から見渡せる場所に連れて行ってくれた。覆い茂る樹木の間からまさに建設中の隊庁舎などが見えた（図４－04）。

もともとゴルフ場地だったところを買収したので、ゴルフ場のクラブハウスがトラックなどの出入り口となっていて、そこに受注会社の看板も出ているとのこと。さっそく向かった。

看板には、辺野古の工事も受注している東亜建設工業、前田建設、戸田建設などが火薬庫などを工事中と書かれていた（図４－05）。造成工事は沖縄の國場組も請け負っていたはずだ。いわゆるスーパーゼネコン（清水・鹿島・大成・大林組・竹中工務店のゼネコン最大手五社）が入っていないのは、工事の規模が大きくないので割に合わないのだろう。私が写真を撮っていることなど知らん顔をして、通行証をつけたトラックが入っていく。

その後、農道を通って畑の中を歩き、造成工事中の現場が見える場所に行った。畑の中を歩いている時から、工事を行う大型重機の音が聞こえてくる。畑地と工事現場を遮る草木の向こうに、何本も重機のクレーンのようなものが見え、近寄るとパワーショベ

図4−05　受注業者の看板。東亜建設・前田建設など本土ゼネコンが火薬庫を建設中だった

図4−06　工事用道路も造成されている

ルが掘り起こした土砂をトラックに積んで、次々と入れ替わっていくのも見える。深い緑の中に、工事用の道路も造成されて、建設現場というのは本当にひどい自然破壊の現場だということを感じる（図４－06）。

排水設備を建設中の現場にも足を延ばした。上原さんが持っていた脚立も使って、覆いの中をのぞくと太いパイプのようなものおかれていたり、じゃばらのパイプが設置されている。５７０人が配備されるという石垣駐屯地が完成したとき、排水処理などはどうなるのだろうか。

駐屯地の現場をひと通り見た後で、市街地に向かった。市街地に入るとここでも建設工事が多い。自衛隊員の家族住宅である。フジタ・丸憲共同企業体とある。

上原さんは石垣港の状況も見てほしいといって、港まで連れて行ってくれた。石垣港には海上保安庁の船が並ぶ。海保専用バースだそうだ（図４－07）。「よなぐに」「いぜな」「あぐに」「はてるま」の４隻の大型船が停泊していた。尖閣諸島の見回りなどの理由で常駐しているようだ。つまり、万が一、台湾有事など中国と

図4−08　南ぬ島工事中の看板

図4−07 海保バースに停まる海上保安庁の船

の衝突が起これば、自衛隊などの軍艦用の軍港に使われることが手に取るようにわかる。駐屯地だけではない。石垣港の軍港化も進んでいると理解した。

そして、石垣港の先にあるサザンゲートブリッジを渡って、人工島南ぬ島《ばいしま》に渡る。観光のための大型クルーズ船用バースなどが建設されていたが、これも自衛隊などに使われるだろう。工事中の看板が出ていて、発注者は沖縄防衛局ではなく、「石垣市長　中山義隆・石垣市建設部港湾課」や「内閣府　沖縄総合事務局・石垣港湾事務所」となっていた（図4－08）。

⊙否決された住民投票

琉球弧の軍事要塞化は、2010年9月、民主党政権時代の尖閣《せんかく》諸島沖での海上保安庁の船と中国の漁船の衝突事故をきっかけにして、自民党が政権に返り咲いたあとの2013年12月、中国の台頭をにらみ、防衛の重心を北方から南西諸島に移す長期戦略を鮮明に打ち出したところから始まる。中国の海洋への進出を受けたもので、1990年代初めの米ソ冷戦の終結以来、日本の防衛体制は大きな転換点を迎えることになる。こうした路線に沿った軍事力の南西シフトの具体策は、国家安全保障戦略と、10年先を見通した防衛計画の大綱、中期防衛力整備計画（2014～18年度）に盛り込まれ、12月17日国家安全保障会議および第二次安倍内閣の閣議で決定された。

2015年5月11日佐藤正久防衛副大臣が自衛隊配備に向けた候補地調査への協力依頼に石垣島に来島、さらに11月26日若宮健嗣《けんじ》防衛副大臣が訪問し、中山義隆市長に説明した時に配布された資料にある石垣島の主な選定理由にはこう記されている。

○石垣島及びその周辺離島には約5万3000人※と多くの住民が暮らしているものの、陸自部隊が配備されておらず、島嶼防衛や大規模災害など各種事態において自衛隊として適切に対応できる体制が十分には整備されていない。

※石垣島：約4万9000人、竹富町：約4000人

○石垣島は部隊を配置できる十分な地積を有しており、島内に空港や港湾等も整備されている(傍点筆者)とともに、先島諸島のほぼ中心に位置しており、各種事態において迅速な初動対応が可能な地理的優位性がある。また、災害対処における救援拠点として活用しうる。

○隊員やその家族を受入れ可能な生活インフラが十分に整備されている。

もともと整備されていた新石垣空港や石垣港の施設が、軍事的に転用されることを最初から明確にしている。

「命と暮らしを守るオバーたちの会」の会長として自衛隊ミサイル基地に反対している山里節子さんにもお会いして話を伺うことができた。山里さんの原点には、戦争時に家族を次々と亡くした体験と、戦後に米内務省地質調査研究所の軍事地質調査部助手として働いた経験があった。山里さんが仕事として手伝った地質調査の報告書は、一九六〇年「軍事地質調査報告書」として調査結果とあわせて軍事施設をつくるための提言書となっていたのだ。その中に島の東北部、白保の近くに3000メートルほどの大規模な空

港を作ることが提言されていた。白保の海上に空港をつくる案は「サンゴの海を埋め立てるな」という環境問題の観点から多くの人の共感を呼び、海外からも反対の声が上がるなど大きな反対運動に発展し中止されたが、その結果、陸上に造られた新石垣空港は、まさに戦争中に陸軍が白保飛行場とした場所であり、報告書が適所とした場所である。

前述した人工島南ぬ島《ばいぬしま》も同様に、「現港湾を活用したほうが良い」とした軍事地質調査報告書が出た翌年の1961年にケーソン工事が始まっている。米軍が工事を始め、1972年の本土復帰以降、沖縄開発庁によって整備された。山里節子さんは「戦争を準備する側は何年も、金も時間も力もかけて着々と粛々と進めてきているというのは言えると思います」(『月刊やいま№334 節ちゃんオバーの「戦争」』)と語っている。山里さんは、私にも「戦争のために再び使われるのではないか」と懸念を伝えた。

石垣駐屯地も宮古島駐屯地も奄美駐屯地もゴルフ場の買収から基地建設がスタートしているが、そもそもゴルフ場を造る時点で、将来の軍事利用も考えていたのではとも疑ってしまう。ゴルフ場建設の場合は許認可申請に対して許可が出れば建設できてしまうのだ。石垣島では市有地や民有地の買収によって土地収用が行われた。

2017年5月、若宮防衛副大臣が46ヘクタールの施設配置図を示す。於茂登岳のふもとに位置する平得大俣《ひらえおおまた》地区に、警備部隊、地対艦誘導弾部隊、地対空誘導弾部隊などを配備するための隊庁舎や火薬庫(弾薬庫)、射撃場、車両整備場、グラウンド、排水設備などが造られる計画で、2023年3月に開所の予定とされていた。

この間、石垣市民たちも抗議の声をあげ続けてきた。２０１５年8月「石垣島への自衛隊配備を止める住民の会」を結成。以降、市議会への請願や要請行動、防衛省への抗議声明や集会を行ってきた。

２０１８年、石垣島で農業を営む金城龍太郎さんら若者たちが石垣市住民投票を求める会として「島で生きる、みんなで考える。大切なこと、だから住民投票」というテーマで、住民投票を呼びかける運動を始めた。12月、市長に1カ月で集めた1万４２６３筆（市有権者の約37％）の署名を提出するが、翌年2月の臨時市議会で住民投票を否決した。石垣市の自治基本条例では住民投票を求める多くの署名（有権者の4分の1以上）が集まった時に市長には住民投票を実施する義務が生じることが明記されているにもかかわらず、石垣市は応じなかった。そこで那覇地方裁判所に「義務付け訴訟」を提起したが、２０２０年8月原告の訴えを却下。その後も控訴審、上告と裁判を続けたが、いずれも棄却された。

市民が声をあげ続けるが、石垣市長選挙では駐屯地配備に協力する中山義隆市長に勝てていない。２０１８年と２０２２年の両市長選挙でも中山氏が勝利している。

◎地元を分断する南西シフト計画

石垣駐屯地新設建築設計は、東京に本社を置く泉創建エンジニアリングが１７２８万円で受注し、工期が２０１８年11月から19年3月末までの工期となっている。

そして工事が始まったのは、２０１９年3月1日で、工事着工は沖縄県の20ヘクタール以上のアセスを規定した新環境影響評価《アセスメント》条例の適用を逃れるために、自民党市議の所有するジュマール・ゴルフ場内の約０・５ヘクタールの造成工事から手をつけ、その後、造成工事が進んだ。南海土木が2億2637万円、沖縄土木が2億2982万円、大米建設が4億5209万円、東洋建設・共和産業・米盛建設工業JV（共同企業体）が22億1400万円、五洋建設・仲本工業JVが12億6738万円、琉穂建設が2億4829万円で、それぞれ2020年12月までの工期で受注している。

2020年後半から建築工事が本格化する。五洋建設が隊庁舎新設建築工事を2023年2月末までの工期で、35億8600万円で受注する。國場組・オリジン建設・黒島組JVが厚生施設工事を22億2090万円で、厚生施設電気工事を四電工・沖電工・三光電設JVが2億9590万円で受注している。土木工事も引き続き進められ、鴻池組・照屋建設JVが30億2390万円で、東洋建設・共和産業・米盛建設工業JVが13億9436万円で、いずれも工期は2023年3月末までである。

2021年に入って、私が市街地で見た宿舎新設土木工事が進む。北勝建設・南西開発JVが3億1350万円、フジタ・丸憲JVが21億2520万円、五洋建設・仲本工業・栄三建設JVが12億8890万円で受注している。そして火薬庫新設工事が進められた。戸田建設・一廣工業JV、前田建設・丸尾建設JV、東亜建設工業・南洋土建・崎原建設JVが、それぞれ約17億円、13億円、16億円で、工期が2023年2月末までで受注している。

2022年、車両整備場の工事が進む。2024年8月末までの工期で、大米建設、沖縄特電、大成設備工業、五洋建設・仲本工業・栄三建設JV、大米建設・琉穂建設JVの受注で、総額23億300万円である。そして2023年、2025年までの工期で、総額14億1500万円で倉庫工事の受注がなされている。

特定天然記念物のカンムリワシも生息する深い緑の森の中にできた自衛隊基地は環境破壊だけでなく、地元の人々をも分断している。

上原さんから、「2023年3月の開所式に抗議する集会をやるので来ませんか」という案内が来た。日本全国から人が集まれば、石垣島現地で頑張っている人を勇気づけられるかもしれない、もう一度開所する前に行っておきたいと諸々手配して石垣島に飛んだ。到着後、昼食をとっている仲間に合流し、駐屯地を見渡せる野鳥観察塔があるところで集まった。そのあと前回も訪ねた農道から建設現場が見えるところへ。工事は進行中で完成には程遠い（図4－09）。

それでも年度内に開所という事実を作りたいのだろう。駐屯地の正面玄関に行くと、そこだけは工事が終了していて、警備兵が立っている。開所前なので、門に「石垣駐屯地」の文字はない（図4－10）。夕刻、公民館で全国各地から訪れた人たちと交流集会を行った。

図4－10　開所前に完成した石垣駐屯地の正門

図4－09　野鳥観察塔から建設中の石垣駐屯地を見る

翌日、朝から騒がしい。琉球海運の大型フェリーで運ばれた自衛隊車両が、沖縄県警機動隊に守られて搬入されたのだ。石垣駐屯地開所に抗議する人たちが多く集まり目撃する中で、強引に搬入されていった。このとき、普段なら辺野古にいる沖縄県警の機動隊が石垣島に集中的に動員され、辺野古は作業が中止だったそうだ。辺野古で見た風景が思い出された。

午後は新栄公園で「島々を戦場にさせない！ ミサイルより戦争回避の外交を全国集会in石垣島」が開催された。山里節子さんが石垣島の魂の唄「とぅばらーま」を聞かせてくれた。その想いが心に突き刺さる。その後街中のデモ行進。気持ちだけは「基地は造らせないぞ」と思うが、政府・防衛省の前になすすべがない。どれだけこういう気持ちにさせられてきたか。3月16日、石垣駐屯地は開所された。

また、2023年から、鹿児島県西之表《にしのおもて》市の馬毛島《まげじま》での基地建設工事も始まっている。おなじみの大成建設や五洋建設、鹿島建設、東亜建設工業などが工事を受注している。

各地で基地や火薬庫が次々に造られていく現在《いま》、「島々を戦場にさせない、日本を再び戦争をする国にさせない」――それが最後の砦かもしれないと思っている。

エピローグ

東京の「路上」で

2024年7月17日、私たちStop！辺野古埋め立てキャンペーンは、「辺野古の海を土砂で埋めるな！首都圏連絡会」と共催で「許すな！　代執行による大浦湾の埋めたて　受注ゼネコンへの抗議一日アクション」を行った。一日で、辺野古大浦湾側の埋め立てを受注している大手ゼネコン――大林組・安藤ハザマ・大成建設とマリコン――五洋建設・東洋建設・東亜建設工業、そして建設コンサルタントの日本工営の合計7社に、「辺野古の基地建設工事を中止してください」との要請書を持って回った。砂杭を打ち始めるという決定的な大浦湾の破壊が始まる直前の行動だった。

朝一番で訪れた品川にある大林組は、電話連絡した際から、「要請書を受け取る、10分程度だが面談に応じる」とのことだった。沖縄の仲間から、「安和桟橋で起きた警備員と私たちの仲間の死傷事故の謝罪と補償について」話してほしいと連絡が来ていた。3人で社内の小部屋に入り、総務課長・副課長に対応してもらった。大林組には以前にも面談してもらったこともあった。「現場統括が、大林組に代わったこと」は認め、「事故に関しては、報告を待って対応する」とのこと。「そもそも工事を行うことに反対している」と話すと「施工業者として、しっかり工事を行う」と繰り返した。

「『地球に優しい』リーディングカンパニー」にふさわしい会社にとの要請書を手渡し面談を終えて外に出ると25人もの仲間が、「大林組は辺野古の工事をやめろ！」と書いたプラカードとバナーを持ってスタンディングをして私たちを待っていてくれた。面談の報告をし、コールをして終了。物足りないと言われるかもしれないが、面談をしてくれるとの対応に、紳士的に応じたつもりだ。

安藤ハザマ・東洋建設・五洋建設は、事前の電話交渉で「要請書は受けとらない」とのことだった。だが、この日どの会社も社前に社員が出てきていたので、要請書を読み上げ、それぞれ私たちの仲間から、「これ以上、沖縄は被害者にも加害者にもなりたくない」という沖縄人《ウチナンチュ》の思い、「沖縄に足を運び、ヤマトで沖縄に関わり続ける」という私たちの思いをリレートークした。建設会社が「いかに戦争や自然破壊と深いかかわりがあったか」を語る仲間もいた。

麹町に本社のある日本工営は、今まで15回抗議に通っても一度も要請書を受け取らなかった。しかし今回、警備員ではあるが、初めて「上に渡す」と約束した上で要請書を受け取った。一緒にビル内に入ってくれた仲間からの強い発言を聞いてのことだ。日本工営は、現在、建設コンサルタント8社とともに統括事業監理業務を請け負っている、辺野古の基地建設の中核的コンサルタント会社である。本社ビルを出て、路上で抗議を続けていてくれた仲間に、思わず手で「◎《マル》」を作った。警備員の判断で受け取ることはないだろう。何度も要請文を受け取るように電話したので、何らかの指示が出ていたのかもしれない。

そして、仲間らとともに路上からオフィスに向けて「日本工営　受注をやめろ！　辺野古の工事で　儲けるな！」とコールを繰り返した。

ただし、その2カ月後になって、警備員が要請書を受け取ったはずの日本工営が、その警備員を通じて

日本工営前での抗議アクション

要請書を突き返してきた。「上に渡すと約束したはずでは」と警備員に問い詰めると「お預かりすると言ったただけで、会社から受け取るなと指示があった」という。私たちの税金を使って工事を進める〈会社〉の社会的責任を微塵とも考慮しない姿勢に怒りが湧く。私たちは問い続ける。何のための工事なのかと。

大成建設も、何度も総務の方と電話で話し、「回答はしない」と通達されていたが、社員が要請書を受け取りに出てきてもらえることになっていた。「できるだけ私たちの近くまで出てきてもらって要請書を受け取ってもらおう」と仲間と話していたら、総務の社員が2名、私たちのいるところまで歩み寄ってきた。50名以上集まった私たちの目の前で、要請書を読み上げるのに耳を傾けた。大成建設の社員の近くで要請書を読み上げるのを見ていた仲間が後で「要請文を読み上げるのを聞いていた社員の顔つきが途中で変わったよ」と声をかけてくれた。

そして、本社が入る超高層ビルに向けてくり返しコールした。

「大成建設　工事を止めろ！　辺野古の工事で　儲けるな！
大成建設　工事を止めろ！　自然を壊して　儲けるな！
大成建設　工事を止めろ！　民意を無視して　儲けるな！
大成建設　工事を止めろ！　サンゴを壊して　儲けるな！
大成建設　工事を止めろ！　基地を造って　儲けるな！」

大成建設は西新宿の中心にあることもあって、いろんな国の人が通りかかる。このときも、コロンビア人だという若い女性が興味深げに抗議行動を見てくれていた。メンバーが声をかけると抗議内容に深くうなづきながら「コロンビアにもたくさんの米軍基地がある。これ以上はどこにもいらない」と話してくれたのが印象的だった。

また、順序が逆になるが、要請書は受け取らないとし、社員が2名ほどしか出てこなかった東亜建設工

大成建設前で社員を前に抗議文を読む筆者（右から2人目）

業の前では、通りすがりの高校生のグループが、私たちの話に耳を傾けてくれ、そのうちの一人が即席スピーチをしてくれた。私は担当外だったので、現場にはいなかったが、アクション後に話を聞いて感動した。

「僕たちは若いです。戦争になって闘わなければならないのは僕たちです。僕たちを守ってください。僕らは少ないお小遣いから消費税を払っています。その税金が基地に使われるのは許せません。どうかお願いします」

この言葉こそ、私たちが、「路上」で抗議を続ける醍醐味《だいごみ》である。小さくても一歩一歩、共感してくれる人を増やしていく。基地建設に、戦争に反対する仲間を増やしていく。戦争に突き進もうとしているこの国にあって、時間的猶予はあまりないかもしれないが。

私たちは、建設〈会社〉を「敵」にしたいのではない。同じ人間として、平和で、命のみなもとである自然が大切にされる世界を創る仲間になりたい。どうか、建設会社の皆さん、「命のゆりかご」大浦湾の海を埋め立てる前に「変わる」最後のチャンスを逃さないで下さい。

私たちは、東京の路上で、声をあげ続ける。

参考文献

第1章

『沖縄の米軍基地（平成三〇年一二月版）』沖縄県知事公室基地対策課

『沖縄はもうだまされない』真喜志好一ほか（高文研）

沖縄防衛局ホームページ

「辺野古・環境アセス準備書への意見書・資料集　意見書」沖縄ジュゴン環境アセスメント監視団

「市民からの方法書（普及版）」市民アセスなご

「米軍基地のこと　辺野古移設のこと」名護市企画部広報渉外課

『「普天間」交渉秘録』守屋武昌（新潮文庫）

『沖縄を売った男』竹中明洋（扶桑社）

『疑惑のアングル　写真の嘘と真実――そして戦争』新藤健一（平凡社）

『ODA援助の現実』鷲見一夫（岩波新書）

『オスプレイ配備の危険性』真喜志好一、リムピース＋非核市民宣言運動・ヨコスカ（七つ森書館）

「沖縄環境ネットワーク通信」

Stop!辺野古埋め立てキャンペーンチラシ

沖縄タイムス

琉球新報

しんぶん赤旗

Wikipedia

第2章

『大成建設社史』
『大成建設140年史』
『死の商人』岡倉古志郎（講談社学術文庫）
『大倉喜八郎の豪快なる生涯』砂川幸雄（草思社文庫）
『政商　大倉財閥を創った男』若山三郎（青樹社）
「海上自衛隊佐世保史料館パネル」
「日本海軍と佐世保――軍港と工廠――」山口日都志、中島眞澄（佐世保史談会『談林』第63号）
「佐世保鎮守府概要」
『序説　佐世保軍港史』志岐叡彦（佐世保軍港史刊行会）
『佐世保市史総説篇』
『軍隊を誘致せよ　陸海軍と都市形成』松下孝昭（吉川弘文館）
『軍港都市の一五〇年』上杉和央（吉川弘文館）
『第七師団と戦争の時代　帝国日本の北の記憶』渡辺浩平（白水社）
「北鎮記念館パネル」
『旭川・アイヌ民族の近現代史』金倉義慧（高文研）
『新旭川市史　第三巻』
『大呉市民史』
『呉市史　第三巻』
「呉鎮守府の建設と開庁(I)(II)」千田武志（『政治経済史学』第426、427号）
ピースリンク叢書16号「変わる自衛隊とアジア最大の米軍航空基地　岩国――許すな！戦争を担う広島・呉・岩国」

『五洋建設百年史』
「航空発祥記念館パネル　所沢飛行場物語」
『所沢陸軍飛行場史』小沢敬司
『所沢市史　下』所沢市
『戦史叢書』防衛庁防衛研修所戦史室
Wikipedia

第3章

『空爆の歴史――終わらない大量虐殺』荒井信一（岩波新書）
『日本陸軍のアジア空襲　爆撃・毒ガス・ペスト』竹内康人（社会評論社）
『増補　軍隊と地域　郷土部隊と民衆意識の行方』荒川章二（岩波現代文庫）
『大成建設社史』
『調査・朝鮮人強制労働③発電工事・軍事基地編』竹内康人（社会評論社）
『私の履歴書　狼子虚に吠ゆ』川上源一（日本経済新聞社）
『大林組百年史』
『大成建設140年史』
『鹿島建設一四〇年史』
『軍建協力会会報』第一巻創刊号～第三巻第五号
『法令と行政による建設業の取締と統制』片野博（九州大学出版会）
『「松代大本営」の真実　隠された巨大地下壕』日垣隆（講談社現代新書）

『改訂版　松代大本営　歴史の証言』青木孝寿（新日本出版）
『一度は訪ねてみたい戦争遺跡　本土決戦の虚像と実像』山田朗監修（日吉台地下壕保存の会）
『鹿島建設　英一番館から超高層ビルまで』（鹿島出版会）
『朝鮮人徴用工裁判とは何か』竹内康人（岩波ブックレット）
『今こそ、不戦を誓う――小松からアジアの友へ―』小松基地問題研究会
通信「アジアと小松」小松基地問題研究会
『年表　小松の空』住田正一
『はくさん』小松基地広報紙
『戦時行刑実録』矯正協会
『小松市史　第三巻』
Wikipedia

第4章

『沖縄の米軍基地　平成30年12月』沖縄県
『國場組社史　創立五〇周年記念』
『私の沖縄と私の夢　ひとりの沖縄建築家の軌跡』國場幸一郎（新沖縄経済）
『沖縄はもうだまされない』真喜志好一・崎浜秀光・東恩納琢磨・高里鈴代・眞志喜トミ・国政美恵・浦島悦子（高文研）
「情報産業労働組合連合会　沖縄復帰五〇年　復帰に託した願いと次の時代に託す思い　沖縄の「復帰五〇年」をどう捉えるか　3K依存から新10K＋I経済への飛躍」前泊博盛

山口県ホームページ
岩国市ホームページ
『山口県史　通史編　現代』
ピースリンク叢書十六号「変わる自衛隊とアジア最大の米軍航空基地　岩国――許すな！戦争をになう広島・呉・岩国――」（入れるな核艦船！　飛ばすな核攻撃機！ピースリンク広島・呉・岩国）
「岩国に吹いた風　米軍再編・市民と共にたたかう」井原勝介（高文研）
「おはよう愛宕山　100回のたちばなし」（おはよう愛宕山新聞社）
沖縄防衛局ホームページ
I love いしがきホームページ
石垣市住民投票を求める会ホームページ
『月刊やいまNo.334』特集　乙女たちの戦争③　節ちゃんオバーの「戦争」
『要塞化する琉球弧　恐るべきミサイル戦争の実験場！』小西誠（社会批評社）
『戦雲　要塞化する沖縄、島々の記録』三上智恵（集英社新書）
Wikipedia

終わりに――戦争で儲けるな！　戦争を準備するな！

研究者でもない私が「軍事基地建設」について書こうと思ったのは、ひとえに「軍事基地建設」について書かれた本が見つからなかったからである。

最初に『大成建設140年史』にあたって、スーパーゼネコンの大成建設が、歴史の中で深く基地建設に関わってきたことは分かったが、詳しい記述はあまりなかった。しかし、辛抱強く調べていくうちに、いくつかの研究書が基地建設に触れていたり、自治体史がその地域地域の軍事基地について書いているのを見つけたことがきっかけとなって、自分の力でまとめてみようと思い立った。

当初は、題名を「近現代日本の軍事基地建設」とする予定だった。しかし、呉の市立図書館で、千田武志氏の「呉鎮守府の建設と開庁(I)(II)」を教示していただき、読み込む中で、研究者の研究に圧倒されて、一介のアクティビストの私のできることは、歴史を書くことではないのではないかと考え直した。原稿にアドバイスをして下さった山本邦彦さんにも、「調べて分かったことだけでなく、自分自身が現場を訪れて感じたことも書いたほうが厚みが出るよ」と助言を受けていた。私が「基地建設」に興味を持ち、現場に行き、資料を当たって調べ、追及したその歩みを記したほうが、読者にも興味を持ってもらえるのではないかと思って、『「基地建設」をめぐる旅』と題名を変えることにした。そして、最終的には、私の〈会社〉の在り方を問いたいという気持ちを汲んでくれた、ころからの木瀬貴吉さんのアドバイスで『〈会社〉

と基地建設をめぐる旅』として、今、出版しようとしている。

いろいろ調べる中で、公立・私立の図書館にはとてもお世話になった。国会図書館の蔵書は素晴らしい（しかし「基地建設」と題する本はなかった）し、区立図書館もそのネットワークを使い、区外の図書館の蔵書を取り寄せて貸してもらえた。築地にある私立の建設産業図書館には、国会図書館では貸してもらえない建設会社の社史を貸していただいたり貴重な戦中の資料を見せていただいたりした。私が訪ねた地方の図書館では郷土資料がたくさんあり、素晴らしく知識のある司書の方々に助けていただいた。この場を借りてお礼を申し上げたい。私の旅は、地方の図書館をめぐる旅でもあった。

「敵基地攻撃論」という言葉が飛び交い始めたのは、私がこの著作を書こうと思った2021年ごろのことだ。戦争は、誰かを「敵」としたところから始まると思う。「中国が越境している」「中国が軍備増強をしている」「中国が脅威だ」というニュースが日本中に流れている。中国の人たちも「日本は新たな基地を作っている」「日本の首相が（中国を念頭に）敵基地攻撃論を言い始めた」と言っていることを想像してみる。そして、それは日本と中国の問題だけではなく、日米安全保障条約を結んで同盟を組み、日本に基地を展開しているアメリカが中国を敵視し、ともに日本が戦うということにつながる。

私が覚えているだけでも、1990年の湾岸戦争では自衛隊が海底の機雷を除去する掃海艇《そうかいてい》を出し、1992年PKO（PeaceKeepingOperation平和維持活動）――国際貢献と称して内戦後のカンボジアに初めて海外派兵した。このときピースボートの仲間たちと国会前で座り込んだのが、反戦運動に関わった始まりだった。2001年からのアフガン戦争では、テロ対策特別措置法を作ってインド洋に補給艦《ほきゅうかん》と護衛艦《ごえいかん》を派遣した。2003年3月からのイラク戦争では、自衛隊がイラク南部のサマワに派兵された。そして2011年7月からは紅海に面するアフリカのジブチに海上自衛隊・航空自衛隊・陸上自衛隊がジブチ国際空港を拠点に常駐している。2012年国連ミッションとして戦火の続く南スーダンにも派兵された。憲法九条を持った日本が、すでに海外での戦争に関わる国になっている。それは違憲ではないだろうか。2015年9月19日安保法制が国会を通過し、アメリカとともに戦争ができることになった。そして、2022年9月16日、安保三文書が閣議決定され、「憲法九条」がほぼ骨抜きにされた。明文改憲も視野に入ってきた。2022年、ウクライナ戦争が始まって、もともと「武器輸出三原則」と言われていた防衛装備移転も拡大している。世界中で抗議の声が上がっても、パレスチナでの虐殺は止むことを知らない。

今回各地の軍事基地をめぐったが、一度、「軍事」基地として作られたものは、ほとんど「軍事」基地のまま使われ続けている。佐世保も呉も日本海軍の基地として作られ、今は米軍基地や自衛隊基地として使用されている。陸軍の衛戍《えいじゅ》地などの基地も敗戦後、連合国軍に接収され、その後自衛隊駐屯地となっている。返還されない理由は、沖縄の普天間飛行場を見れば分かる。返還されるかと思えば、より使い勝手の良い最新鋭の基地機能を持ったものに移行されるだけだ。戦後、東京・砂川や岐阜、石川・内灘の米軍基地反対運動の結果、沖縄に基地が移された事実はとても重い。

普天間飛行場返還「のための」辺野古移設が言われて久しい。一度、辺野古新基地が造られれば、今までの基地がそうであったように、戦争が起きるたび、出撃基地として使われる。辺野古では、政府の試算で9300億円（沖縄県の試算では2兆5500億円）をかけて基地が建設される。国家と手を握った大手ゼネコンの利権の巣と化している。ゼネコンだけでなく、辺野古基地建設現場で警備をする警備会社にも膨大な税金（1日2000万円）がつぎ込まれている中で、沖縄の「基地を造らせない」という人々の想《うむ》いは無視され続けている。今、「台湾有事」が声高に叫ばれ、琉球弧全体にミサイル基地が造られ要塞化し、戦争の準備が始まっている。

私たちStop!辺野古埋め立てキャンペーンの仲間が、10年間、大成建設前で叫び続けているのは「基地建設で、戦争で儲けるな！」ということだ。もっと人間として、また環境にやさしい仕事ができないのか、まだ自然を壊し、人々を傷つけるのか、問うている。しかし、「私たちは答える立場にはありません（政府がやっていることです）。施工業者として、工事をしています」と言う。市民が納めた税金を使って基地を造るというその社会的責任を認めようとしない。

私に「国策企業」という視座を与えてくれたのは、他でもない「水俣」である。1996年から97年にかけて1年間、私は水俣で暮らした。水俣病の加害企業であるチッソは、国家とともに活動し、戦時中は大陸にも進出し、戦後は水俣病を起こした。1956年に水俣病が公式確認されてからも汚染水を垂れ流し続け、1973年に裁判で敗訴して責任を認めるまで17年の月日がかかっている。その間も水俣病患者は増え続けたし、裁判で国が放置した責任を認められたのは2004年だ。

国家のやることを無批判に受け入れて、ともに戦争に向かう――それはかろうじて80年近くも民主主義・平和主義を護ってきた日本の現代の〈会社〉のあるべき姿ではない。満洲事変に始まり太平洋戦争に至る一五年戦争の教訓も顧みられていない。建設業は、既に医療・運輸業界と共に、防衛出動時には、自衛隊法第103条による業務従事命令によって戦争に動員されることが定められている。戦争になって最初に巻き込まれる業種なのだ。そのことを意識してほしい。戦争で儲ける時代にしてはいけない。自然を守り、平和で豊かな社会を作る仲間でありたい。どうか、平和な日本・世界を未来の子どもたちに手渡すために、ともに歩みませんか?

そして、この著作が「基地建設」に興味を持った若い世代の市民運動や研究に役立ててもらえれば嬉しい。複数の方に、原稿を下読みしていただいたところ、社史を多数引用しているところが「社史に引きずられている」「建設会社のことをよく書き過ぎ」との意見が半分、「建設会社がこれほど赤裸々に書いているとは」という肯定的な意見が半分だった。社史なので、自社を良く書く、誇りを持って書いているのは明らかで、それでもその会社の雰囲気がよく分かるし、これからその会社とどう向き合っていくかを考えるのに有効だと思って、引用を多めに使った。決して、その大成建設だったり、國場組に今後も基地建設に関わってもらいたいからではない。

「終わりに」を書いている今、課題が三つ残った。一つは、一五年戦争の時代に建設会社も軒並み、朝鮮半島や中国大陸に進出しているが、それは調べきることができなかった。二つ目は、私自身が暮らす首都圏の基地についてあまり触れることができなかった。三つ目は、スーパーゼネコンの一角を占めているにもかかわらず、辺野古でも岩国でも石垣でも、受注企業に名を連ねていない竹中工務店のことである。明治の初めに、名古屋鎮台建設の際に大欠損（赤字）を出して以来、軍建協力会・海軍施設協力会の割り当て以外の軍の仕事は受注していないらしい。沖縄の米軍基地建設と通産省から経産省にわたっての原発建設には名を連ねているが、戦争の時代や戦後を通じて軍や防衛省の仕事をしてこなかった竹中工務店については少し深く掘り下げてみる価値はある。願わくば、若い人たちに研究してもらいたい課題である。

最後に、図書館の方々以外にも、各地で案内をしてくださった方、貴重な資料を貸してくださった方、黙って見守ってくれる家族、初めての本の出版に協力してくださった方々、そして10年間大成建設の前で共に声をあげ続けてくれたＳｔｏｐ！辺野古埋め立てキャンペーンの仲間をはじめとする「辺野古に軍事基地を造らせない」と闘う仲間たち、感謝を伝えたい方々が書ききれないほどいる。一人ひとりお名前はあげないが、本当にありがとうございました。これからも「辺野古に基地を造らせない」よう大きな力に、力の限り抗っていくことで、感謝の気持ちを表したいと思います。

2024年秋

社名／人名索引

【た行】

【や行】

【ら行】

【わ行】

【アルファベット】

加藤宣子　かとう・のりこ
1969年まれ。慶応義塾大学卒（社会学専攻）。大学在学中にNGOピースボートに関わったのを契機に市民活動に参加。以後、環境NGO A SEED JAPAN事務局長、㈶水俣病センター相思社職員。2001年から辺野古の運動に関わり始め、ジュゴン保護キャンペーンセンター、辺野古への基地建設を許さない実行委員会、沖縄意見広告運動で活動。2014年からStop！辺野古埋め立てキャンペーン発起人、共同代表。共著に『NGO運営の基礎知識』（アルク）、共訳に『戦争中毒』（共同出版）がある。

〈会社《かいしゃ》〉と基地建設《きちけんせつ》をめぐる旅《たび》

2024年 11月 25日　初版発行

著者　**加藤宣子**
パブリッシャー　**木瀬貴吉**
装丁　**安藤順**

発行　ころから
〒114-0003　東京都北区豊島4-16-34-307
Tel 03-5939-7950
Mail　office@korocolor.com
Web-site　http://korocolor.com

ISBN 978-4-907239-76-3
C0036
ktks

ころからの本

お巡《まわ》りさん、
その職務《しょくむ》質問《しつもん》大丈夫《だいじょうぶ》ですか？

ルポ　日本《にほん》のレイシャル・プロファイリング

國﨑万智

1800円+税

978-4-907239-73-2

ころからの本

ヘイトをとめるレッスン

ホン・ソンス

たなともこ・相沙希子　訳

2200円+税

978-4-907239-52-7

いきする本だな

1